AF544408

Relationales Mitarbeitercoaching und Mitarbeiterbegleitung

Sonja Radatz

Dem Gehenden
schiebt sich der Weg unter die Füße.
Martin Walser

Herausgeber und Bestelladresse:
literatur-vsm
Literatur-VSM e.U.
PF 008P, 1050 Wien, Österreich
E-Mail: office@literatur-vsm.at, Homepage: www.literatur-vsm.at

1. Auflage 2013
ISBN 978-3-902155-17-7
Umschlaggestaltung: Bruno Bastardy
Gestaltung des Innenteils: MarS

Bei Interesse an einer aktuellen Übersicht über die lieferbaren Titel oder Bestellung weiterer Exemplare dieses Buches wenden Sie sich bitte an den Verlag.

Inhaltsverzeichnis

Vorwort

Mitarbeiterbegleitung und Mitarbeitercoaching – das sind aus meiner Sicht die beiden entscheidenden Führungsthemen der kommenden Jahre:
Mitarbeiterbegleitung deshalb, weil es meines Erachtens eine sine qua non der Führung darstellt – welche andere Funktion und Verantwortung hat eine Führungskraft, als dafür zu sorgen, dass sie die Ergebnisse ihrer Mitarbeiter sichert und einholt (um selbst das geforderte Gesamtergebnis erbringen zu können) und dafür sorgt, dass sich die Mitarbeiter stetig weiterentwickeln (um mit den zentralen Grundstein für Weiterentwicklung und Innovation des Unternehmens zu legen)?
Relationales Coaching deshalb, weil die Führungskraft immer weniger „fachlich-spezifisch kompetent" ist – immer weniger „fachlich-spezifisch kompetent" sein kann! – in den Bereichen, in denen der Mitarbeiter konkret arbeitet. Wenn die Führungskraft das Detailwissen nicht mehr haben kann und sich bewusst auch dafür entscheidet, das Detailwissen nicht mehr zu haben, um einem ansonsten unvermeidlichen Herzinfarkt oder Burnout zu entgehen bzw. das Wohlergehen des Unternehmens auf hohem Niveau zu sichern, dann stellt sie Fragen und stellt damit das Handeln des Mitarbeiters laufend in Frage: Ist das aktuelle Vorgehen des Mitarbeiters noch ein geeignetes Mittel zum Zweck, um die regelmäßig geforderten Ergebnisse zu erfüllen? Oder braucht es etwas Neues?

Damit Mitarbeiterbegleitung und Coaching möglichst einfach werden, habe ich dieses Buch geschrieben. Es erklärt Schritt für Schritt, wie Führung sinnvoll und knapp – so knapp wie möglich! – angelegt werden kann, ohne an Effektivität einzubüßen.

Jahrelanges Coaching und jahrelange Führungsbegleitung vor allem auf CEO-, Vorstands-, Verwaltungsrats- und Geschäftsführerebene

bildeten für mich die Grundlage für dieses Buch. Dafür möchte ich allen Kunden danken – ich freue mich mit jedem, dass die erarbeiteten Lösungen so gut funktionieren!
Und ich lade Sie ein, geneigte Leser, mit dem Relationalen Ansatz in die Welt der Möglichkeiten und der Gestaltbarkeit einzusteigen. Die meisten erleben diesen Einstieg wie die Büchse der Pandora: Einmal geöffnet, „können Sie nicht mehr anders"…

Viel Spaß beim Lesen!

Sonja Radatz
Wien, am 10. September 2013

1. Warum Mitarbeitercoaching? Warum Mitarbeiterbegleitung?

Viele Vorgesetzte nehmen ihre Führungssituation heute grundlegend verändert wahr; und sie versuchen verzweifelt, dieser Situation mit den Instrumenten, Methoden und Werkzeugen von gestern Herr zu werden: Indem sie ihre Anweisungen verschärfen, noch engere Grenzen setzen, noch deutlicher Vorgaben machen, noch kleinere Aufgaben vergeben, noch mehr kontrollieren und noch „verlässlichere" Steuerungsinstrumente einsetzen – um dann noch schneller die vergebenen Aufgaben wieder zurückzuholen, wenn sie befürchten, dass diese „nicht richtig erledigt" werden könnten. Doch je mehr und genauere Anweisungen sie geben, je mehr sie versuchen, die Dinge „in den Griff zu bekommen", je schärfere Steuerungsinstrumente sie wählen und auf je „objektivere" Beine sie ihre Führung stellen wollen, desto mehr haben viele von ihnen das Gefühl, zu scheitern.
Viele haben den Eindruck, mit ihren bisherigen Instrumenten buchstäblich „an eine Grenze zu stoßen".

Warum?
Einerseits, weil ihre Erfahrungen und Ratschläge heute eine wesentlich geringere Halbwertszeit haben und auf wesentlich komplexere Kontexte treffen als früher – und daher schlicht nicht mehr (so) effektiv sind: Denn anders noch als vor ein paar Jahrzehnten wird nun jeden Tag deutlich, dass unsere Welt nicht stabil, und schon gar nicht entlang unserer Prognosen funktioniert. Wir drehen diese Welt immer schneller und müssen wohl oder übel damit leben, dass unsere Umwelt entsprechend reagiert. Was bedeutet: Das, was Sie als Vorgesetzte inhaltlich wissen, passt nie und nimmer zu den Herausforderungen, die Ihr Unternehmen morgen vorfindet. Kreativität, Flexibilität und Entscheidungsfreiheit sowie -freude sind aus meiner Sicht zentrale Voraussetzungen bei den Mitarbeitern, um Wettbewerbsvorteile für das eigene Unternehmen zu sichern.

Aber das ist noch nicht alles: Mehr denn je werden von den Führungskräften Ergebnisse gefordert – Ergebnisse, die sie ihrerseits wieder von ihren Direct Reports einzufordern gezwungen sind.
Und an dieser Schnittstelle ist es unumgänglich, dass Führungskräfte ihren Mitarbeitern Eigenständigkeit, Selbstverantwortung, Entrepreneurship zusichern – in einer Welt, die sich sehr schnell dreht, in einer Welt, in der „instant" die passenden Entscheidungen getroffen werden sollen.

In dieser Situation sind Sie als Vorgesetzte jedoch nie „außen vor", sondern leisten einen entscheidenden Beitrag:
Sie challengen den Mitarbeiter mit wertvollen Fragen aus der Vogelperspektive, damit dieser jederzeit die für ihn sinnvollen Antworten zur Hand hat.

1.1. „Ewig gestrige Führung" im aktuellen Kontext?

Die Leitung eines Teams oder Unternehmens und insbesondere der Umgang mit den Mitarbeitern waren immer schon herausfordernde Aufgaben, allerdings wurden sie von den meisten Vorgesetzten noch selten in der Vergangenheit so komplex wie heute erlebt: Denken wir nur einmal daran, wie rasant sich in den letzten Jahren die Technologie weltumspannender Kommunikation, die Produktions- und Vernetzungsmöglichkeiten und weltweiten Informationsquellen entwickelt haben; wie sich unser Tätigkeitsradius vergrößert hat; wie sich die Absatzmöglichkeiten verändert haben; wie sehr sich die Produktlebenszyklen verkürzt haben; um wie viel größere Führungsspannen in den flacher gewordenen Hierarchien bewältigt werden müssen (neben all den Netzwerken und Projekten, die darüber hinaus lose im Unternehmen angesiedelt sind); wie stark sich die Halbwertszeit des Wissens verkürzt hat; und um wie viel virtueller die Mitarbeiterbeziehungen geworden sind, ganz einfach, weil wir vermehrt mit überregional ansässigen beziehungsweise tätigen Mitarbeitern zu tun haben.

Und dieser ganze Wust an Entwicklungen passiert in immer kürzeren Zeitabständen!
Gingen wir davon aus, diese und noch mehr Herausforderungen in irgendeiner Form selbst „im Griff" haben zu wollen, dann würden 24 Stunden Arbeit pro Tag bei Weitem nicht ausreichen. Dennoch besteht nach wie vor bei vielen Vorgesetzten der Anspruch,

- über alles Bescheid und in jedem Fall „mehr" und „besser" zu wissen als ihre Mitarbeiter;
- immer genau informiert zu sein, wer woran arbeitet und wie diese Aufgaben optimal bewerkstelligt werden können;
- nicht nur Ziele, sondern im Optimalfall auch noch die exakten Wege der Zielerreichung vorgeben zu müssen, oder überhaupt nur konkret definierte Aufgaben und Projekte zu vergeben, die mit dem Vorgesetzten laufend „abgestimmt" werden sollen;
- Anweisen, Steuern und Kontrollieren als die zentralen Aufgaben der Vorgesetzte zu sehen;
- und für den Mitarbeiter stets mit-, vor- oder nachdenken zu müssen.

Vorgesetzte, die auch heute noch diese Vorstellung von Führung haben, könnten schon heute oder morgen auf erhebliche Schwierigkeiten stoßen. Denn sie laden nicht nur jede Menge „Affen" in Form von Verantwortung auf ihre Schultern (Blanchard et al., 2005) und riskieren nicht nur jeden Tag einen Herzinfarkt, weil sie glauben, über alles im Detail Bescheid wissen zu müssen; sie verzichten nicht nur auf das Wissen ihrer Mitarbeiter, sondern erzeugen häufig auch noch echte „Roboter" aus ihren Mitarbeitern (Maturana und Bunnell, 2001): Damit meine ich, dass sie durch ihr kontinuierliches Verhalten – ihr stetes Mit- und Vorausdenken für ihre Mitarbeiter – diese dazu bringen, sich mehr und mehr zurückzulehnen und ihr selbständiges Denken auszuschalten, bis sie schließlich schon morgens ihr Hirn „bei der Stechuhr abgeben" und dieses erst bei Verlassen des Büros wieder abholen – also ihr Wissen und ihr selbstverantwortliches Denken völlig in die Freizeit verlagern.

Und all das, obwohl die meisten Vorgesetzten es ja nur gut gemeint haben (Radatz, 2013).
Dies lässt sich sehr gut mit einem Bild verdeutlichen (Wüthrich, Winter und Philipp, 2001): Wenn wir in einer Schachtel einen Flohzirkus halten, der wunderbare Kunststücke vollbringt, dann kann es manchmal ganz schön anstrengend werden, dafür zu sorgen, dass die Flöhe letztendlich irgendwann einmal wieder in der Schachtel landen (wobei zu diskutieren wäre, ob denn die „Flöhe" überhaupt immer wieder in die Schachtel zurückkehren müssen): Der Flohzirkusbesitzer glaubt, den Kunststücke vollbringenden Tieren geradezu nachlaufen zu müssen, um ihnen immer wieder aufs Neue „eine sichere Rückkehr zu ermöglichen". Da nimmt es nicht Wunder, dass manch stolzer Besitzer auf die kreative Idee kommt, einen Deckel auf die Schachtel zu setzen, um den Flöhen dann bei Bedarf – und nur bei Bedarf – einen großen Auftritt zu ermöglichen und sie danach wieder sorgsam wegzusperren.

Die Folgen sind abzusehen:
Die Flöhe werden nach Aufsetzen des Deckels noch einige Male versuchen, ihre Kunststücke zu machen und werden, nachdem sie sich einige Male schmerzhaft den Kopf angestoßen haben, entnervt aufgeben. Und selbst wenn der Deckel geöffnet wird, sind diese Flöhe dann nicht mehr bereit, Kunststück zu machen – sie haben gelernt, sich anzupassen; sie handeln entsprechend der ihnen gesetzten Rahmenbedingungen.

Nun, die Frage, die ich gerne an Führungskräfte stelle, ist: Wie können Sie erreichen, dass in einem so komplexen Umfeld, wie wir es heute erleben, in dem die einzige Sicherheit, die wir haben, in der Unsicherheit zu bestehen scheint – wie kann also in solch einem Umfeld erreicht werden, dass täglich in allen Bereichen Kunststücke vollbracht werden und mit der Komplexität optimal umgegangen wird?
Meine Antwort darauf ist einfach, wenn auch vielleicht überraschend und zum Teil brüskierend:
Indem Sie aufhören zu „führen".

1.2. Hören Sie auf zu führen. Beginnen Sie zu regeln!

Wann immer Sie „führen", sind Sie hoch aktiv: Sie teilen Projekte in Abschnitte, verteilen Aufgaben, kontrollieren, stimmen ab, diskutieren mit Ihrem Mitarbeiter ein bisschen (um am Ende doch Recht zu behalten), Sie geben „Feedback", üben Kritik, motivieren, treiben an, werfen nicht optimale Ergebnisse zurück, holen Verbesserungen ein, sind auch damit noch nicht zufrieden, nehmen das Thema an sich und spielen (wieder einmal) Feuerwehr, konstatieren am Ende des Jahres Untererfüllung der Vorgaben bei einigen Mitarbeitern, hören sich Tausende Argumente an, warum es „nicht anders ging", geben schließlich entnervt auf, weisen im Jahresgespräch nochmals eindringlich darauf hin, dass es im nächsten Jahr anders werden muss (wissend, dass dies nicht der Fall sein wird) und wissen auch, dass der Mitarbeiter jetzt Ihre Begleitung bräuchte (aber dafür haben Sie ja keine Zeit, denn Sie sind schon wieder im nächsten operativen Thema unterwegs).

1.2.1. „Führen": Immer im Nachhinein und kleinteilig-aufgabenbezogen

„Führen" passiert typischerweise „im Nachhinein" und ist kleinteilig-aufgabenbezogen angelegt.

1. Wenn Sie führen, „beurteilen" Sie – und das meist im Nachhinein: Wenn „Führen" typischerweise im Nachhinein passiert, dann meine ich damit, dass Sie Ihren Mitarbeitern zunächst viel (meist grenzenlosen) Freiraum geben, um etwas zu entwickeln und zu gestalten („Tun Sie mal! Entfalten Sie Ihre Kreativität!"), und erst im Nachhinein zu korrigieren beginnen. Dieses Verhalten erlebe ich als einen der vielen seltsamen, für Unternehmen spezifischen Vorgangsweisen, die ich so niemals aus dem Leben, sondern nur aus dem organisatorischen Umfeld kenne: Niemand würde etwa einem Gymnasialschüler die Abbildung eines Kegels über den Tisch schieben und ihn engagiert auffordern: „Versuch doch einfach mal, das Volumen des rotierenden Kegels im Zylinder zu berechnen!". „Gut", werden Sie jetzt antworten, „das ist das Thema der Schulen. Die Schüler können ja noch nichts. Wir hingegen sollten schon davon ausgehen, dass unsere Mitarbeiter die Dinge grundsätzlich können und wir nicht immer bei 0 beginnen müssen." „Sie haben ja Recht", ist meine Antwort darauf. Dennoch macht es durchaus Sinn, dieses Vorhandensein von organisationsspezifischer (!) Expertise persönlich und an Ihren Kriterien zu prüfen, weil ja alle bisherigen Organisationskontexte wie auch die Schulen und Universitäten logischerweise graue Theorie in Bezug auf das aktuell Verlangte in Ihrer Organisation, Ihrem Team darstellt: Jede Organisation, jedes Team, jedes Unternehmen eröffnet ja seine ganz eigene Welt in Sachen „Erwartungen" und „richtiges Tun" (hoffentlich, sonst wären Sie schlecht dran in punkto „Einzigartigkeit"). Im wirklichen Leben füllen Sie ja auch immer wieder einen neuen Vertrag bei der Autovermietung aus (und das machen Sie persönlich und nicht die Personalentwicklung oder die Reisebuchungsabteilung!), auch wenn Sie dies schon tausend Mal getan haben. Schließlich gilt der Vertrag ja immer für hier und jetzt und diese Situation. Oder sind Sie schon mal dem großzügigen Angebot einer Autovermietung gefolgt, „Ach, steigen Sie doch mal ein und fahren Sie los. Wir sehen uns dann danach an, ob Kratzer im Auto sind oder etwas Schlimmeres passiert ist...".

Oder würden Sie jemals zu Ihrem 13-jährigen Kind sagen, „Gestalte mal den Nachmittag und ich sehe mir hinterher an, ob das Programm für dich passend war...?"

Vielleicht ärgern Sie sich über diese Beispiele. Aber sie dokumentieren aus meiner Sicht sehr schön, dass in der Führung sehr häufig der klare Vertrag fehlt; und selbst dort, wo ein sehr klarer „Vertrag" gemacht wird (das kennen wir ja alle: Zielformulierung! Mit Inhalt – Ausmaß – Zeitbezug!), kann dieser nicht funktionieren – denn der große Unterschied zwischen der Autovermietung und den Aufgaben, die Sie verteilen, besteht in der Kleinteiligkeit:

Bildlich gesprochen schneiden Sie, wenn Sie „Ziele" und „Aufgaben" vergeben, das „Spanferkel" (das Gesamtthema des Unternehmens), um

das es letztendlich insgesamt geht, in viele, viele Stücke und richten diese in Portionen auf Tellern an. Jeder Mitarbeiter bekommt nun eine oder mehrere Portionen zugewiesen. Während nun aber die Qualität und Quantität des Spanferkels mit bestimmten Kriterien sehr einfach und von verschiedenen Personen gemessen werden kann, stehen Sie mit Ihren Portionen vor einem großen Thema: Denn die Kriterien, welche auf die unterteilten Portionen angewendet werden können, sind vor allem qualitative: Es ist „schön angerichtet", es sieht „appetitlich aus", es „passt zum Restaurant"… Hier entsteht der Engpass bei Ihnen: Nicht nur, dass Ihre Mitarbeiter das Spanferkel hinter den Portionen nicht mehr wirklich erkennen und daher auch nicht mehr auf das Ganze zurückführen können; nicht nur, dass Sie sich natürlich auch viel schwerer tun, 185 Spanferkelportionen im Auge zu behalten, als ein einziges Spanferkel; es gibt auch niemand anderen als Sie, der die Qualität beurteilen und die 185 Teile wieder auf ein Ganzes zurückführen kann. Und daher entsteht bei Ihnen der gewaltige Engpass.
Das würde umgekehrt bedeuten: Wenn Sie die laufende Ergebnisprüfung für Ihre Mitarbeiter getrost jemand anders übergeben könnten, weil die Kriterien eindeutig und intersubjektiv prüfbar sind, dann arbeiten Sie abstrakt genug, um nicht immer wieder im Nachhinein abstimmen, nachjustieren, kontrollieren, verbessern – also „führen" – zu müssen.

Wenn Sie „führen", (be)halten Sie die Fäden in der Hand: Alles läuft über Sie, und ohne Sie geht nichts.
Das mag Ihnen als natürlich oder sogar von Vorteil erscheinen – aber es sorgt meiner Erfahrung nach leider auch maßgeblich dafür, dass Sie nicht lange in Urlaub gehen können oder dort pausenlos gestört werden; dass Sie als „Verteiler", als Postbote den ganzen Tag in Meetings verbringen und dort „Päckchen" entgegennehmen, die Sie dann an den verschiedenen Türen verteilen; dass Sie immer hautnah und operativ am Geschehen sind und jeden Tag Micromanagement pur betreiben; und dass Sie damit aktiv jeden Trieb der Selbstverantwortung bei den Mitarbeitern im Keim ersticken.

2. Wenn Sie „führen", sind Sie der Schrittmacher (und Flaschenhals) für Ihre Mitarbeiter: Sehr viele Führungskräfte wie Mitarbeiter gehen jeden Tag ins Büro, bewältigen dort, „was anfällt", gehen wieder nach Hause und kommen am nächsten Tag wieder, um das Gleiche zu tun... und täglich grüßt das Murmeltier.
Wer beispielsweise bei Ferrari engagiert daran arbeitet, dass jeden Tag die bestellten Autos auf die Straße kommen, tut jeden Tag dasselbe – und dreht sich immer und immer weiter im Hamsterrad. Er beantwortet bereitwillig Fragen der Mitarbeiter („Wieder rot, Chef?" „Ja!" „Wieder mit den gleichen Bremsen?" „Ja!" „Wieder die gleichen Räder wie gestern?" „Ja!"), sorgt dafür, dass die Fließbänder ins Laufen kommen, teilt Mitarbeiter ein, sorgt dafür, dass kaputte Fließbänder repariert werden, motiviert Mitarbeiter, treibt sie an, sichert – teils mit Feuerwehrarbeit – dass die Autos auch wirklich fertig werden.
Und am nächsten Tag baut er wieder einen Ferrari. Und am übernächsten Tag dasselbe... Das Leben wird dadurch sehr absehbar. Und gleichzeitig bleibt kein Millimeter Raum für Weiterentwicklung. Besteht darin vielleicht das in allen Zeitungen Deutschlands zitierte „Innovationsdefizit"?

Das bedeutet: Wenn Sie jeden Tag weiter in Ihrem aktuellen Rad laufen wollen – ganz einfach, weil es Ihnen Spaß macht – ist Führung bestimmt ein adäquates Mittel.
Wenn Sie das täglich gleiche Lied im Hamsterrad allerdings satt haben und die laufende Weiterentwicklung Ihres Teams, von Ihnen selbst und Ihrer Mitarbeiter forcieren wollen, dann beginnen Sie lieber zu regeln.

1.2.2. Regeln: Grundsätzlich und im Vorhinein

1.2.2.1. Regeln ist im Gegensatz zur Führung immer grundsätzlich angelegt und passiert im Vorhinein:

Sie definieren Ergebniskriterien, die einem Vertrag standhalten (also nicht jeden Tag neu aufgesetzt werden müssen, wie dies bei „Aufgaben" und „Projekten" der Fall wäre). Was mit impliziert: Diese Kriterien werden auch kurz und knapp formuliert, alles rundherum noch Angeführte sind typische Klauseln, die in Ihrem Vertrag nun mal enthalten sein müssen, aber eher Standardklauseln sind. Die berechtigte Frage des Mitarbeiters, „Worum geht es hier, wofür bin ich wirklich verantwortlich?", kann also sehr kurz und knapp im Vertrag beantwortet werden und ändert sich nicht jeden Tag. Mit „kurz und knapp" meine ich: In einer einzigen Aussage kann klar ausgedrückt werden, wofür dieser Mitarbeiter verantwortlich ist – wo er also antwortet (nur er und niemand anders!).

Beispiele dazu:

- In einem Handelsunternehmen habe ich gemeinsam mit der Geschäftsführerin erarbeitet, dass jeder Filialmitarbeiter 80 Kunden aufbaut, mit denen er verlässlich 160 Euro Umsatz pro Monat macht.
- In einer Revisionsabteilung haben wir formuliert, dass die Abteilung stets einem Fremdvergleich standhalten muss und verlässlich bestimmte (angeführte) Kennzahlen pro Monat liefert.
- In einem Beratungsunternehmen haben wir formuliert, dass jeder Berater pro Monat 3 verkaufte Tage mit einem Umsatz von xx EUR (bei weniger Umsatz entsprechend mehr Tage) erbringt.

Und wenn Sie nun fragen, „Das war's?", dann kann ich nur antworten „Ja, das war's." – denn jeder Mitarbeiter entwickelt dann mit Unterstützung der Vorgesetzten sein entsprechendes Konzept, um diesen Rahmen auch voll und ganz auszufüllen. Da gibt es keine „Aufgabenverteilung" mehr, kein „Ich hätte da noch etwas für Sie", keine „Projekte" von oben oder ähnliches.

Das ist sehr unterschiedlich zu dem, was ich als gelebte Praxis jeden Tag in Unternehmen und Organisationen wahrnehme, auch wenn es Ihnen vielleicht im ersten Augenblick recht ähnlich erscheint! Und vielleicht entgegnen Sie nun, „Gut und Schön. Aber was ist mit der Lebensmittelhandelskassiererin, die doch für nichts verantwortlich ist und nur ihre Zeit abarbeitet? Wollen Sie dieser etwa eine Umsatzverantwortung geben?". „Natürlich möchte ich der Kassiererin eine Umsatzverantwortung geben", ist hier meine klare Antwort: Genau das ist ja das Thema! Menschen, die sich für nichts verantwortlich fühlen, also keinen entscheidenden Beitrag im Unternehmen leisten, stumpfen ab. Nichts anderes haben wir uns in der Vergangenheit geschaffen als Mitarbeiter, die stumpf ihre Zeit absitzen! Warum sollte die Kassiererin nicht Umsatzverantwortung bekommen? Sie ist ja meist die Einzige, die ein Kunde im Geschäft zu sehen bekommt. Der Punkt ist aus meiner Sicht: Sobald sie die neue Verantwortung hat, verhält sie sich anders – wenn wir den entsprechenden Gestaltungsraum im Vorhinein klären und die Verantwortung im Gestaltungsraum überhaupt machbar ist (auch hier orte ich ein gewisses Thema in der Praxis: Wer die Verantwortung für das Wohlergehen der Kunden im Geschäft hat, aber dabei hinter seine Kassa gesperrt ist, wird wohl vorprogrammiert scheitern… Ein anderes Beispiel sind die aus meiner Sicht ähnlich gelagerten „Reiseverboten", die typischerweise in großen Unternehmen gegen Ende des Jahres flächendeckend ausgerufen werden, um „Kosten zu sparen"; wie absurd! Darin erkennen wir wieder eine typische „Führungsmaßnahme", die im Nachhinein passiert, weil zuvor nicht geregelt und nicht besser gewirtschaftet wurde (siehe weiter unten zur Prüfung und Sicherung von Ergebnisverantwortungen).

1.2.2.2. Jede grundsätzliche Regelung passiert im Vorhinein

Das bedeutet, dass der Mitarbeiter ganz genau und bereits von Beginn seiner Tätigkeit an weiß, welche Ergebnisse er jeden Tag (jeden Tag!) zu liefern hat und in welchem Rahmen er tätig sein darf, aber auch soll. Er sollte seinen so entstehenden Rahmen mit seiner Ergebnisverantwortung voll ausfüllen. Damit meine ich, dass es nicht reicht, dass er „im Rahmen bleibt" (denn dann würde es ja ausreichen, wenn er nur ein kleines Fleckchen innerhalb des Rahmens „ausfüllen" würde).

Jede grundsätzliche Ergebnisverantwortung wird meiner Erfahrung nach immer nur insoweit eingehalten, als sie kontinuierlich geprüft und gesichert wird: Aus meinem Relationalen Verständnis heraus gilt auch im Umgang mit Ergebnissen: Do ut des – Geben und Nehmen. Bezogen auf das Gehalt bedeutet dies: Wenn jemand monatlich ein Gehalt möchte, sollte er auch nachweisen können, dass er die dafür erforderliche, in Rahmen und Ergebnisverantwortung zuvor festgelegte Leistung geliefert hat. Und ebenso wenig wie der Mitarbeiter leichtfertig reagieren würde, wenn Sie zu ihm sagten, „Diesen Monat ist es sich leider nicht ausgegangen. Der Markt... die Konkurrenz... unsere Themen in der Logistik... die nervenaufreibende Innovation... die interne Umstrukturierung... die neuen Mitarbeiter... ließen es nicht zu, dass wir Ihr Gehalt überweisen konnten", sollten Sie auch nicht leichtfertig ähnliche Entschuldigungen vom Mitarbeiter anerkennen.
Schließlich haben Sie ja den Arbeitsvertrag auch in ein „Nehmen" und „Geben" aufgebaut und (hoffentlich) die Ergebnisverantwortung des Mitarbeiters ebenso wie das von Ihrer Seite dafür vorgesehene Gehalt darin verankert – anstatt „Aufgaben" oder „Stellenbeschreibungen", denn diese passen viel eher zur „Führung"...
Erhält ein Mitarbeiter nun einen solcherart klar definierten Arbeitsvertrag und willigt er in die darin beschriebene Ergebnisverantwortung mit zugehörigem Gehalt ein, so hat er natürlich die Verantwortung, seine Leistung ab dem ersten Monat zu liefern, ebenso wie Sie die Verantwortung haben, ab dem ersten Monat das Gehalt zu leisten.
Meine Erfahrung zeigt: Wenn Sie die Ergebnisse nicht verlässlich jeden Ende des Monats prüfen, unterbrechen Sie den „natürlichen Konsequenzenmanagement-Prozess" und sorgen dafür, dass Sie mit Ihrer notwendigen Forderung nicht mehr ernst genommen werden. Oder anders ausgedrückt: Wer jeden Monat verlässlich den Ergebnisprüfungstermin mit allen direkten Mitarbeiter absolviert und dort die Ergebnisse „erntet" bzw. – wenn die Ergebnisse nicht oder nicht ausreichend geliefert werden – sofort entsprechende Konsequenzen setzt, schafft zumindest die notwendigen Voraussetzungen dafür, dass

die Ergebnisse ernsthaft von den Mitarbeitern erbracht werden (siehe Kap. 1.3.2. und 2.1.2.).

Die Kombination „Rahmen mit der eigenen Ergebnisverantwortung umfassend ausfüllen" und „regelmäßige, mindestens jedoch monatliche Ergebnisprüfung samt Konsequenzenmanagement" sichert, dass die leider allzu häufig von mir erlebten Unarten des „Microeingriffs" beendet werden dürfen. Denn „Micro-Eingriffe" wie die folgenden sind ja ihrerseits wieder nur verzweifelte Versuche, des Unternehmenserfolgs per „Führung" Herr zu werden, weil nicht rechtzeitig vorher eine adäquate strategische Regelung gesetzt und praktiziert wurde:

- Plötzliche Cost Cuts von „oben" (der Mitarbeiter schafft es nicht, seine Ergebnisse zu erbringen – also muss das Headquarter oder die Unternehmensleitung „von oben" bezüglich der Kosten eingreifen) oder
- Headquarter-seitige „Strategieprogramme" („Setzen Sie diese/ jene Strategie um – und zwar sofort!") oder
- Stärkungen der Supportabteilungen in der Matrixorganisation (die natürlich immer genau am nicht passenden Ort zur Wirkung kommt, z.B. wenn die Leitung der Logistik Warenwirtschaftssysteme entwickelt, die dafür sorgen, dass in vier von acht Ländern die Ware niemals pünktlich zum Kunden kommen kann)

1.3. Das Relationale Leadership-Modell

Das Relationale Leadership-Modell (Abb. 1) gestaltet den Kreislauf des Regelns anstatt des „Führens im Nachhinein", und sorgt dafür, dass

- wirksame Beiträge zum Unternehmen geliefert werden
- und der Mitarbeiter sich laufend gezielt weiterentwickelt und Innovation schafft.

Abb. 1: **Das Relationale Leadership Modell**

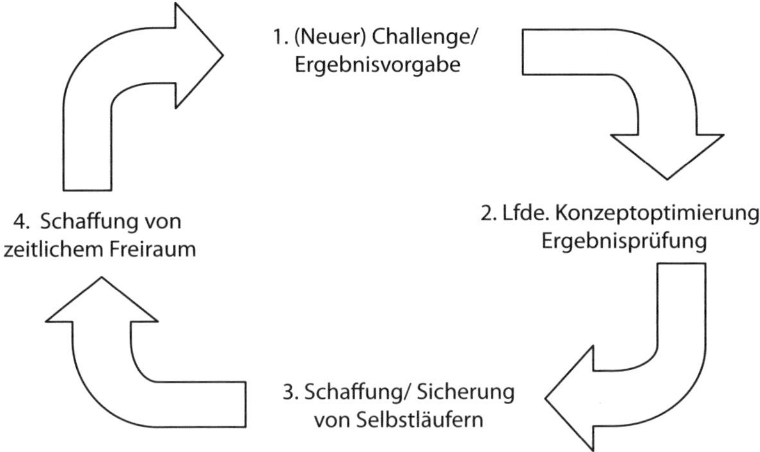

1.3.1. (Neuer) Challenge/ Ergebnisvorgabe

Auch wenn Sie sagen „Meine Mitarbeiter wissen genau, was sie zu tun haben": Fragen Sie diese doch einmal bei Gelegenheit, ob ihnen klar ist, welche Ergebnisse sie laufend (laufend! Nicht „von Projekt zu Projekt" oder „im Moment haben Sie diese Aufgaben") zu erbringen haben. Meine Erfahrung ist: Selbst wenn Sie eine klare Ergebnisvorgabe für Ihre Mitarbeiter im Kopf haben und den Rahmen für diesen genau kennen, ist das für den Mitarbeiter noch lange nicht so.

Diese „eine" Ergebnisvorgabe für den Mitarbeiter leitet sich aus einem klaren Unternehmensrahmen ab – wenn Sie diesen nicht haben (und auch nicht bekommen), dann beginnen Sie erst auf Ihrer Ebene mit der Schaffung von Klarheit (Ihre Mitarbeiter sollten nicht unter dem Gleichen leiden müssen wie Sie).

Ich erlebe es häufig als harte Arbeit, diese eine Vorgabe zu definieren, und verbringe mit meinen Kunden oft einen halben Tag, um diese sinnvoll und nachhaltig festzulegen.

Die Frage, die ich gerne stelle, um den Rahmen zu definieren, lautet: **„Was will ich wirklich von diesem Mitarbeiter als laufenden sinnvollen Beitrag zum Team-/ Unternehmensergebnis?"**

Oder, falls Sie mit dieser Frage nicht Ihr Auslangen finden:

- „Wofür soll er verantwortlich sein – also worauf einzig und allein antworten?"
- „Was muss er monatlich immer wieder aufs Neue liefern, damit ich seine Existenz auf der Payroll argumentieren kann und er einen echten Nutzen für das Unternehmen/ die Organisation darstellt?"
- „Woran – an welcher Leistung – würde ich erkennen, dass ich 100% zufrieden mit ihm bin?"

Achtung:
Keinesfalls wird ein Rahmen für jede Aufgabe, für jedes Projekt erteilt, wie ich dies immer wieder bei Führungskräften erlebe: Da wird ein neues Projekt, werden neue Ergebnisforderungen von oben in kleine Aufgabenhäppchen geteilt, an die Mitarbeiter verteilt und mit jeweils einem hübschen „Rahmen" versehen. Nein, das meine ich nicht!
Im Relationalen Ansatz gibt es diese Teilungs- und Verteilungsfunktion der Führungskraft nicht, sondern jedes Thema wird durchgängig ganz einfach dort positioniert bzw. selbst dort wahrgenommen, wo der Verantwortliche sitzt – „zu ungeteilten Handen", wenn wir es so formulieren wollen. Und für diese Gesamtverantwortung des Einzelnen gibt es einen Rahmen – ausgedrückt am besten in einem einzigen oder vielleicht zwei bis drei KPIs, in der alle laufend geforderte Qualität und Quantität schon vereint sind (Radatz, 2013).

1.3.2. Laufende Ergebnisprüfung/ Konzeptoptimierung

Ich gehe fest davon aus, dass die Einarbeitungszeit heute gegen 0 gehen sollte, sprich: dass Mitarbeiter vom ersten Monat weg die geforderten

Ergebnisse erbringen – außer sie sind Trainees oder Lehrlinge, wo mehr mit Neuem experimentiert und Erfahrungen gesammelt werden dürfen – aber selbst dort setze ich immer eine Ergebnisverantwortung mit Konzeptüberprüfung und Ergebnisoptimierung, um einen klaren Fortschritt möglich und sichtbar zu machen. Der Trainee „arbeitet" dann nicht einfach, sondern er erzielt Ergebnisse und erbringt damit wichtige Beiträge für das Unternehmen, was ihn stolz machen darf – und die erfolgreiche Erzielung von Ergebnissen schafft wiederum die Grundlage für die Entwicklung von Standards (siehe nächstes Kap. 1.3.3. und 5.1.3.), was wiederum zeitlichen Freiraum und die Aussicht auf neue Challenges schaffen sollte.

Die erste Ergebnisprüfung findet bereits am Ende jenes Monats statt, in dem die Ergebnisvorgabe dem Mitarbeiter angeboten und von diesem angenommen wurde. Das mag im ersten Moment seltsam erscheinen – meine Erfahrung allerdings ist: Echtes „Verständnis" und eine nachhaltige Veränderung des Tun (also Lernen nach Gregory Bateson [Bateson, 1972]) entsteht erst im „moment of truth" – dann, wenn das Ergebnis tatsächlich eingefordert wird. Erst dann wird dem Mitarbeiter einerseits klar, „Aha, DAS will er von mir" (im Unterschied zu dem, was der Mitarbeiter im ersten Monat zunächst nach bestem Wissen und Gewissen erbracht hat), und „Aha, er will es WIRKLICH von mir" (er wird Sie also in Zukunft ernst nehmen müssen).
So sichert die erste Ergebnisabfrage meiner Erfahrung nach, dass überhaupt jemals eine Ergebniserzielung stattfinden kann, und sollte deshalb so früh wie möglich stattfinden.

Dabei ist es am Vorgesetzten, die Ergebnisprüfung terminlich anzusetzen, und am Mitarbeiter, nachzuweisen, dass die Ergebnisse erbracht wurden.

- Es versteht sich von selbst, dass es keinerlei Ausrede gibt, das Ergebnis nicht zu erbringen – schließlich ist das Ergebnis ja notwendig, um sich den Mitarbeiter leisten zu können, um ihn monatlich zahlen zu können. Ich glaube kaum, dass jemand Zugeständnisse der Art machen kann, mehr auszugeben, als einzunehmen. Das ist nicht nur langfristig, sondern auch kurzfristig fatal und wir würden uns im Privatleben darauf nie einlassen. Warum sollten wir es dann beruflich tun? Die Idee des „Einsatzes vor dem Ertrag" („Es rechnet sich im Moment noch nicht – aber irgendwann wird es sich schon rechnen") halte ich in heutigen Zeiten für äußerst gefährlich, wenn nicht echtes Risikokapital im Spiel ist.

- Es versteht sich aber auch von selbst, dass der Mitarbeiter jegliche Möglichkeit hat, seinen Weg der Ergebniserreichung – die Definition dafür notwendiger Aufgaben, Projekte, Konzepte und deren Umsetzung – komplett selbst zu bestimmen. Da gibt es keinen Vorgesetzten, der ihm heute diese, morgen jene Aufgabe gibt, Meetings vorschreibt, ihn auf Dienstreisen „schickt", ihn in Projekte „setzt", ihn „beschäftigt". Ich erlebe immer wieder Vorgesetzte, welche die Ergebniserzielung gerne „on top" fordern – „on top" dessen, dass sie die Mitarbeiter voll beschäftigen. Das kann meines Erachtens nicht funktionieren! Mit „komplett selbst bestimmen" des Mitarbeiters meine ich übrigens nicht, dass der Mitarbeiter einfach alles „hingeschmissen" bekommt. Nein, er wird sorgfältig und liebevoll begleitet vom Vorgesetzten – aber nicht im Konzept des Vorgesetzten, sondern im Konzept des Mitarbeiters. Und hier kommt erstmals die Mitarbeiterbegleitung ins Spiel, wie wir später noch sehen werden.

1.3.3. Schaffung von Standards und Schaffung/ Sicherung von Selbstläufern

Von Beginn weg lenken wir unseren Fokus darauf, Selbstläufer beim Mitarbeiter und in der Begleitung des Mitarbeiters zu erzielen: Alles, was „automatisiert" werden kann (z.B. Checklisten, die dann jeden Montag durchgegangen werden, um zu verhindern, dass während der Woche unvorhergesehene Themen aufpoppen, oder die Zusammenfas-

sung mehrerer Mitarbeiterrückmeldungen an einem Vormittag der Woche), wird automatisiert.
Damit meine ich, dass Schritt für Schritt erreicht wird, dass die Themen „am Mitarbeiter vorbei", also selbstorganisiert laufen: Dabei lassen wir bewusst alles links liegen, das nur einmal läuft und „Aktionen" erfordert, und beschäftigen uns vielmehr mit den Themen, die regelmäßig und vorhersehbar auf uns zu kommen bzw. die sich in Zukunft wiederholen könnten: Die Themen „rufen" dann nicht mehr nach dem Mitarbeiter, sondern der Mitarbeiter hat sie so organisiert, dass er sie im Griff hat. Was im Endeffekt bedeutet, jedes überraschend entstehende Ereignis zum Anlass zu nehmen, es in den Prozess so zu integrieren, dass es nicht mehr überraschen kann. Das schafft sehr viel Ruhe, Voraussehbarkeit und vor allem zeitlichen Freiraum, der sichert, dass der Mitarbeiter tatsächlich bei der zu Beginn festgelegten Zahl an Stunden bleiben kann, später aber auch immer mehr Zeit einspart und in Folge neue Challenges annehmen kann, weil ja das „Hauptgeschäft" bereits selbst organisiert (und damit mit viel weniger Arbeit verbunden) läuft.

Auf diese Weise arbeiten wir gezielt und wirksam an der Vermeidung bzw. am Abbau des „bottle necks", des berühmten „Flaschenhalses", der zwei zentrale Gefahren in sich birgt:
1. Ohne den Vorgesetzten geht gar nichts – denn alles muss an ihm vorbei, und bezüglich allem entscheidet er täglich neu, ob und wie es weiter gehen soll. Da er alle Themen entgegennehmen und täglich neu „kanalisieren" muss, ist er nicht ersetzbar – das wird Ihnen als Vorgesetzten spätestens in Ihrem Urlaub schmerzlich bewusst.
2. Nur (und ausschließlich) der Mitarbeiter hat seine Prozessabläufe, seine Entscheidungsgrundlagen, seine Qualitätskriterien, seine Vorgangsweisen in seinem Kopf – was bedeutet: Wenn er aus Ihrem Team ausscheidet, stehen Sie vor dem Nichts. Das ist das große Problem der „fehlenden Lernenden Organisation", leider allzu häufig erlebt in der Praxis.

Abb. 2: **Vom „Bottleneck" zur Selbstläuferorganisation beim Mitarbeiter**

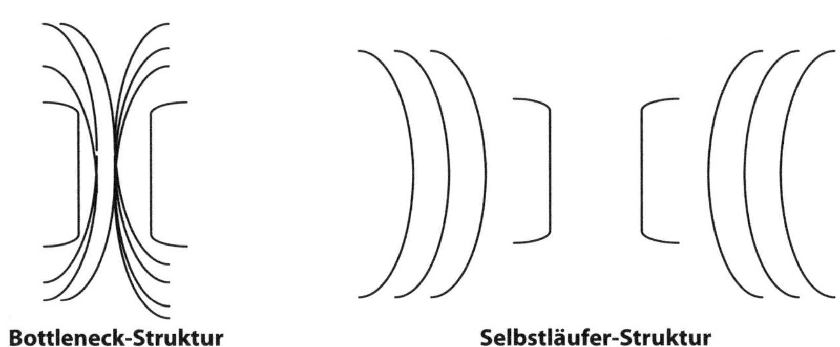

Ich glaube tatsächlich, dass es einen immensen Zeit- und Stressunterschied macht, ob wir den „Laden täglich neu erfinden", oder geordnet unsere Selbstläufer organisieren – nicht nur im eigenen Bereich, sondern auch an den Schnittstellen und damit im gesamten Unternehmen. Wer also als Vorgesetzter jeden Tag genau so viel Stress macht, dass keine Selbstläufer entstehen können, trägt wirksam zur Erfolglosigkeit des Unternehmens bei. Anders ausgedrückt: „Rührige Vorgesetzte" sind meiner Erfahrung nach höchst gefährlich. Und wenn sie dann auch noch beginnen, selbst Hand anzulegen, weil sie „wieder mal Lust auf einen Kunden haben" oder „den Mitarbeitern helfen, weil sie ohnehin genug zu tun haben", oder die Vorgesetzten selbst glauben, „das selbst immer noch am besten zu können", dann bricht die Struktur zusammen und nichts funktioniert mehr – aber nicht etwa deshalb, weil die Mitarbeiter nicht ordentlich arbeiten würden…

Sobald wir mit der Selbstläufer-Struktur im Relationalen Ansatz arbeiten, entsteht quasi von selbst die Lernende Organisation, denn das Funktionieren der Prozesse ist dann in der Organisation verankert und nicht mehr im Kopf des Mitarbeiters.

1.3.4. Schaffung von zeitlichem Freiraum

Selbstläufer, die nicht ein Mehr an zeitlichem Freiraum schaffen, sind meines Erachtens keine sinnvollen Selbstläufer. Ich schreibe das hier, weil ich vor allem in den letzten Jahren immer häufiger erlebe, dass wir in einer technikverliebten Wonnephase häufig dazu neigen, Riesensysteme aufzustellen, um Mini-Prozesse abzubilden. Ein bisschen Hausverstand täte da manchmal gut, immer entlang der Frage:
Schafft das noch den gewünschten zeitlichen Freiraum, ohne einen immensen „Preis" zu zahlen (Personalkosten, IT-Kosten) – und zwar nicht „irgendwann", sondern ziemlich sofort?

Aus meiner Sicht darf der Ergebnisnachweis des Mitarbeiters nämlich auf einem einfachen Blatt Papier erfolgen, oder sogar erzählt werden; Prozesse können auch händisch aufgezeichnet sein, wenn alle Beteiligten die händische Skizze an den Schnittstellen kennen; Checklisten können handschriftlich sein und kopiert werden… denn sie werden ohnehin aufgrund der laufenden Erfahrung auch laufend aktualisiert…

Im Zentrum steht die Frage:
Entsteht

- durch Routine und Selbstläufergestaltung (der tägliche Wahnsinn wird so strukturiert, dass er geordnet, quasi wie von selbst, abläuft),
- durch die Wiederholung von Funktionierendem,
- durch den Ausbau und die Optimierung bisheriger Vorgangsweisen

mehr Zeit, um über den nächsten großen Schritt nachzudenken – darüber, in welche Richtung der eigene Bereich (das eigene „Unternehmen im Unternehmen") sich gut weiter entwickeln könnte, um auch in Zukunft einen entscheidenden, sinnvollen Beitrag zum Unternehmensergebnis zu leisten?

Und das Ergebnis dieser Überlegungen führt zu einer Neugestaltung bzw. Veränderung des Rahmens.

1.4. Anwendungsfelder der Mitarbeiterbegleitung und des Relationalen Coachings

Die Überlegung, ob bzw. dass Vorgesetzte ihre Mitarbeiter begleiten und coachen sollten, ergibt sich meines Erachtens nicht „von selbst", sondern vielmehr aus der Führungshaltung, also dem gewählten Führungsansatz.
Daher beantworte ich die Fragen, „Sollen Führungskräfte nun coachen?" und „Sollen oder ‚müssen' sie ihre Mitarbeiter begleiten?", gerne mit einem „Kommt darauf an!": Kommt darauf an, welche Haltung sie haben. Wenn Sie als Führungskraft von der klassischen Führungsidee ausgehen, die Sie ganz bestimmt schon in vielen Seminaren gehört haben (auch an den Wirtschaftsuniversitäten erfreut sich das traditionelle Vorgehen ungebrochener Beliebtheit), dann gehen Sie davon aus, dass Mitarbeiter klare Anweisungen erhalten sollten, „langsam an die Aufgabe herangeführt", motiviert, unterstützt und durch den Arbeitsalltag getragen und – wenn es sein muss – auch vertreten werden müssen – von Ihnen, natürlich (Sie sind als Führungskraft ja schließlich „Dienstleister"). Wenn Sie diese Denkhaltung vertreten, brauchen Sie weder coachen noch Ihre Mitarbeiter begleiten, denn Sie WOLLEN dann gar keine Entrepreneurship, Sie WOLLEN gar keine Selbstverantwortung, Sie WOLLEN auch keine Alleingänge.

Wenn Sie jedoch vom Relationalen Ansatz ausgehen, dann können Sie zwar noch im Coaching „dankend ablehnen", weil Sie als Führungskraft diese Verantwortung an jemand anders oder auch an Ihren Mitarbeiter selbst zurückdelegieren können (frei nach dem Grundsatz „Soll er doch selbst zusehen, wie er weiter kommt"); aber Sie können nicht die Mitarbeiterbegleitung ablehnen – denn diese ist praktisch untrennbar mit dem Relationalen Führungsverständnis verbunden; sie setzt die Relationale Leadership um. Die Abb. 5 auf der Seite 40 zeigt, wie die Relationale Mitarbeiterbegleitung in den Relationalen Leadership-Kreislauf integriert ist.

1.4.1. Warum Coaching als Relationale Führungskraft?

Relationales Coaching definiere ich als Bearbeitung von abgegrenzten Themen, mit denen der Mitarbeiter zur Führungskraft kommt. Daher ist das Coaching immer „freiwillig" und immer vom Coachee (in dem Fall dem Mitarbeiter) selbst induziert. Oder anders gesagt: Es gibt kein erzwungenes Coaching; der Mitarbeiter entscheidet über Stattfinden und Thema selbst.

Damit reicht es auch gar nicht aus, dass die Führungskraft sich entscheidet, „zu coachen zu beginnen": Denn sie braucht in jedem Fall den klaren Auftrag vom Mitarbeiter. Hat sie diesen nicht, gibt es aus Relationaler Sicht auch kein Coaching.

Die Relationale Führungskraft ist jedoch im Coaching gleich doppelt „abhängig" vom Mitarbeiter:

- Nicht nur, dass sie gezwungen ist, darauf zu warten, ob/ bis der Mitarbeiter von selbst kommt (oder zumindest einwilligt);
- sie arbeitet auch ausschließlich mit jenen Themen, die der Mitarbeiter einbringt – was naturgemäß Themen sein können, die aus Sicht der Führungskraft „komplette Themenverfehlungen" sind („Es geht doch gar nicht darum, sondern um etwas ganz anderes!") – oder sich außerhalb jenes Bereiches abspielen, in dem die Führungskraft tätig werden will und sich verantwortlich fühlt („Ich finde es zwar großartig, dass Sie mich ins Vertrauen ziehen, weil Ihre Tochter knapp davor steht, ihre Schulausbildung hinzuschmeißen, aber – ganz ehrlich – ich habe auch noch andere Themen, um die ich mich kümmern sollte").

Daher können wir zu dem Schluss kommen: Relationales Coaching spielt sich im Verhaltensraum des Mitarbeiters punktuell ab – es werden Punkte gelöst, die dem Mitarbeiter wichtig sind. Ob damit die geforderten Ergebnisse (besser, einfacher, lustvoller, überhaupt) erreicht werden, sei dahingestellt. Und ebenso sei dahingestellt, ob es um die Themen geht, um die es aus Sicht des Mitarbeiters, der Führungskraft

„eigentlich" gehen sollte: Denn schon Heinz von Foerster meinte so treffend: „Nicht nur, dass wir nicht sehen, was wir nicht sehen, bei vielen Dingen sehen wir nicht einmal, dass wir nicht sehen" (von Foerster, in: von Foerster und Pörksen, 1998) – siehe auch Abb. 3.

Abb. 3: **Coaching spielt sich im Verhaltensraum des Mitarbeiters punktuell ab**

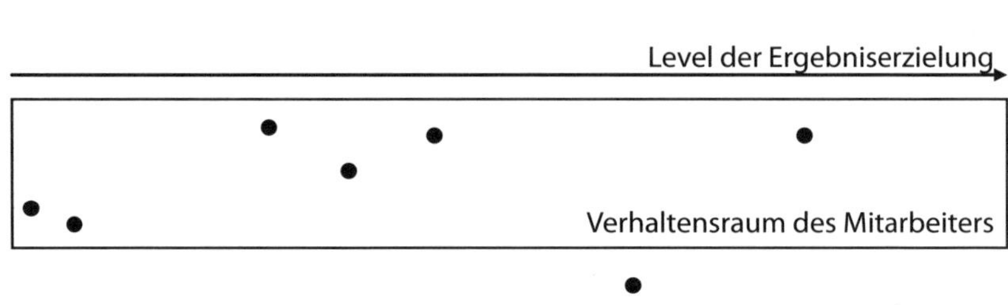

Nun kann ein solches Coaching für den Coachee, den Mitarbeiter, extrem hilfreich sein; aber das bedeutet immer noch nicht, dass auch nur ein Schritt in Richtung Ergebniserzielung im Unternehmenskontext getan wurde.

Was jedoch Coaching aus meiner Sicht im Kontext Führungskraft – Mitarbeiter jedenfalls kann, ist folgende wichtige Beiträge zum Gelingen der Beziehung zu liefern:

- Erhöhung der Sicherheit des Mitarbeiters
- Aufbau von Selbstverantwortung in der Lösungsfindung
- Aufbau von Kompetenz und Expertship
- Sicherung eines „freien Kopfes" für die Ergebniserzielung
- Schaffung einer Vertrauenskultur
- Anknüpfungspunkte für die Führung/ Mitarbeiterbegleitung

1. Erhöhung der Sicherheit des Mitarbeiters
Mit seinen gezielten Relationalen Fragestellungen erhöht Coaching definitiv die Sicherheit des Mitarbeiters in seinen Vorgangsweisen und Entscheidungen:
Denn mit der hoch qualitativen Bearbeitung der aus seiner Sicht anstehenden Themen (welche dem Vorgesetzten nie in den Sinn kommen würden) stützt er nachhaltig seine gefühlte Sicherheit – das Vertrauen, „alle Themen lösen zu können".

2. Aufbau von Selbstverantwortung in der Lösungsfindung
Da Relationales Coaching – wie wir später noch sehen werden – davon ausgeht, dass die Vorgesetzte Fragen stellt und der Mitarbeiter selbst die passenden Antworten entwickelt und umsetzt, erhöht Coaching jedenfalls die Selbstverantwortung in der Lösungsfindung des Mitarbeiters:
Dieser beginnt nach einiger Zeit, die „typischen Relationalen Fragestellungen" mehr und mehr in sein Alltagsrepertoire zu übernehmen, sich selbst „Fragen zu stellen", und gewinnt mehr und mehr an Selbständigkeit in Entscheidungen und in der Gestaltung seines persönlichen Arbeitsumfelds.

3. Aufbau von Kompetenz und Expertship
Da der Relationale Ansatz – dazu kommen wir noch – davon ausgeht, dass es kein „Richtig" und kein „Falsch" gibt, ist jede funktionierende Lösung eine ausgezeichnete Herangehensweise an eine Situation, ein Thema, ein Problem. Coaching im Führungskraft-Mitarbeiterkontext sorgt dabei dafür, dass der Mitarbeiter immer mehr alternative Zugänge zu seinen eingefahrenen Mustern und Abläufen erarbeitet – und damit die Kompetenz und Expertship erlangt, auch schwierige Probleme zu lösen und auch scheinbar ausweglose Themen anders anzugehen und erfolgreich zu meistern.
So baut der Mitarbeiter Schritt für Schritt Kompetenz auf – ausgedrückt in einer Vielzahl von Handlungsalternativen.

4. Sicherung eines „freien Kopfes" für die Ergebniserzielung

Solange jemand mit einem Thema beschäftigt ist – sei es die Krankheit der Schwiegermutter, die Schulschwierigkeiten der eigenen Kinder, das verlorene Tennismatch am Wochenende, das zu Schrott gefahrene Auto – arbeitet er suboptimal, das wissen wir alle: Denn die Gedanken schweifen immer wieder zu jenem Thema ab, das uns voll und ganz beschäftigt. Hier schafft Coaching einen freien Kopf – selbst dann, wenn das Thema mit dem Arbeitsalltag nichts zu tun zu haben scheint.

Natürlich kann eine Führungskraft in einer solchen Situation (zu Recht) ablehnen und sagen: „Was geht mich Ihre Schwiegermutter an?". Wenn wir aber davon ausgehen, dass alles, was wir tun (und auch das, was wir unterlassen) wieder auf uns zurück wirkt (siehe auch Abb. 13 auf S. 65), dann können wir mit einem solchen Coaching indirekt bewirken, dass der Mitarbeiter mehr Konzentration auf die eigentlichen Themen hat – um die es der Vorgesetzten geht.

5. Schaffung einer Vertrauenskultur

Wer mit seinen Mitarbeitern auch Themen außerhalb des direkten Arbeitsumfelds bespricht und hier ein „offenes Ohr" für ihn hat, schafft häufig einen Vertrauensvorschuss, der auch eine erhöhte Loyalität beim Mitarbeiter bewirkt – aber nicht nur das: Wenn die Vorgesetzte z.B. den Kurs ändern muss, dann wird der Mitarbeiter eher bereit sein, voll Engagement mitzugehen und das „vielleicht neue Schiff", für das ihm seine Vorgesetzte eine „Heuerkarte" angeboten hat, zu besteigen: Denn er hat ein hohes Vertrauen und eine gute Beziehung zu seiner Vorgesetzten.

6. Anknüpfungspunkte für die Führung bzw. Mitarbeiterbegleitung

Und natürlich schafft ein Coaching auch Anknüpfungspunkte für die Führung und die Mitarbeiterbegleitung: Denn die Führungskraft erkennt, wie der Mitarbeiter „tickt", an welchen Punkten er gut anzusprechen ist, wo er immer wieder Themen und Schwierigkeiten hat (die

auch im Führungskontext thematisiert werden sollten) und wo die vielleicht organisatorische oder private Thematik auch in die Thematik der Ergebniserzielung hereinspielt.
So kann Coaching ein zentrales ergänzendes Instrument für die Führung und die Mitarbeiterbegleitung sein – bei ersterem kommen die Themen vom Mitarbeiter, bei zweiterem von der Führungskraft.

1.4.2. Warum Mitarbeiterbegleitung als Relationale Führungskraft?

In der Mitarbeiterbegleitung brauchen weder der Mitarbeiter noch die Vorgesetzte ein „Thema" einzubringen oder zu „haben" – denn das Thema, um das sich alles dreht, ist die Ergebniserzielung, die vom Mitarbeiter gesichert und von der Vorgesetzten eingefordert und begleitet werden sollte. Das Thema ist jeweils „ergebnisimmanent", es wohnt dem Ergebnis inne: Immer dreht sich alles um die zentrale Frage,
„Was sollten wir besprechen, damit Sie (ab nun/ weiter/ langfristig) Ihre Ergebnisse nachhaltig erzielen?"

Wie unterschiedlich sich daher die Mitarbeiterbegleitung zum Relationalen Coaching positioniert, sehen Sie in der folgenden Abbildung 4.

Abb. 4: **Relationale Mitarbeiterbegleitung orientiert sich strikt an der Ergebniserzielung**

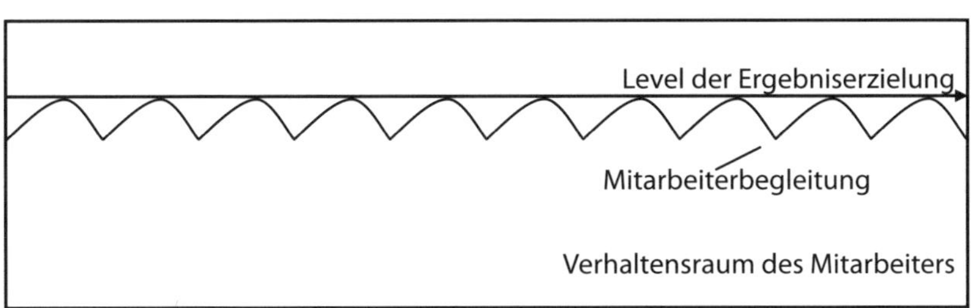

In einer Kontinuität, die der Vorgesetzten passen muss – denn es sind „ihre" Meetings – finden hier Gespräche statt, in denen es in den verschiedenen Phasen des Leadership-Kreislaufs um jene Themen geht, die hinter den vier Phasen stehen (siehe auch Abb. 5 auf S. 40) – und die unmittelbar anzusprechen, zu lösen, zu klären sind, um die Ergebniserzielung des Mitarbeiters sowie dessen kontinuierliche Weiterentwicklung zu sichern.
Die Instrumente sind häufig die gleichen, die Fragen können ebenfalls die gleichen sein – aber der Fokus besteht in der Mitarbeiterbegleitung strikt in der Ergebniserzielung – dafür ist jedes Mitarbeiterbegleitungsgespräch Mittel zum Zweck – und nicht das aktuell anstehende Thema des Mitarbeiters, wie es beim Coaching der Fall ist.

2. Zentrale Ansatzpunkte in der Mitarbeiterbegleitung und im Coaching

Entsprechend der Beschreibung von vorhin sehen wir schon klar: Die Ansatzpunkte in der Mitarbeiterbegleitung sind ganz andere als im Mitarbeitercoaching – auch wenn wir zum Großteil die gleichen Tools anwenden können:
Während wir im Relationalen Coaching stets beim Auftrag des Gesprächspartners – in diesem Fall des Mitarbeiters – ansetzen (also an dem Punkt, an dem der andere arbeiten will), setzen wir bei der Mitarbeiterbegleitung an jenen Punkten an, die für den Mitarbeiter entscheidend für die Ergebniserzielung sind. Damit können wir auch die Tools im Coaching wesentlich schlechter planen als in der Mitarbeiterbegleitung, wo wir als Führungskraft sehr häufig schon bestimmte Gespräche bzw. Themen vorbereiten können.

Worum geht es nun in der Relationalen Mitarbeiterbegleitung, worum im Relationalen Coaching? Sehen wir uns diese Felder genauer an, so sehen wir, wo die Leverages (Hebeleffekte) darin liegen und wie Sie fokussiert Erfolg generieren können.

2.1. Worum geht es in der Relationalen Mitarbeiterbegleitung?

Betrachten wir das Relationale Leadership Modell (Abb. 1 auf S. 25) in seinem gesamten Umfang, so erkennen wir, dass jede der vier Phasen darin eine unternehmerische Management-Komponente enthält, in welcher die Vorgesetze klar vorgibt (und weder locker- noch loslässt), und eine Führungs-Komponente, in der die Vorgesetzte hauptsächlich den Prozess gestaltet und die passenden Fragen stellt, damit der Mitarbeiter selbst Antworten entwickelt, die auf seiner Seite sichern, seine Ergebnisse zu erzielen (siehe Abb. 5).

Abb. 5: **Relationale Mitarbeiterbegleitung: Die Führungskomponente im Relationalen Leadership Modell**

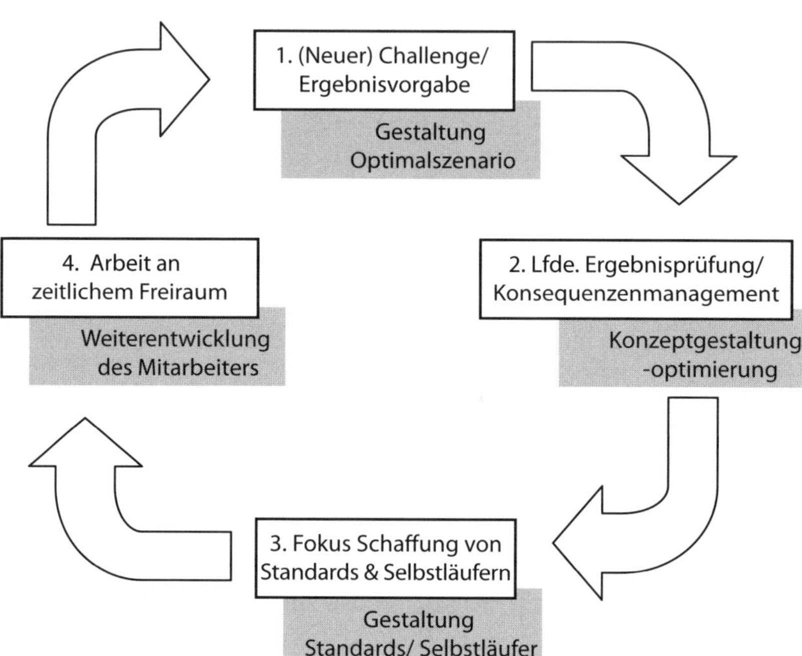

Wir können daraus vier Phasen der Mitarbeiterbegleitung ableiten:

1. Die Gestaltung des Optimalszenarios/ Konzepts;
2. die laufende Optimierung/ Verfeinerung/ Korrektur des Konzepts und Arbeit am nächsten großen Schritt;
3. die Ausgestaltung von Selbstläufern, die echte „bottle necks" beim Mitarbeiter vermeiden/ verhindern und dafür sorgen, dass die „Lernende Organisation" in Form von innovativen und einzigartigen Selbstläufern funktioniert – dazu zähle ich auch die Sicherung und Optimierung von Prozessen („Beziehungen") mit der Vorgesetzten und mit den Kollegen des Mitarbeiters;

4. die Gestaltung des zeitlichen Freiraums (Wo kann sich der Mitarbeiter durch Automatisierung und die Vereinfachung von Prozessen Zeit ersparen, ohne dass die Qualität an neuralgischen Punkte darunter leidet?).

Alle diese Phasen finden dabei in EINEM Gespräch statt: zumindest einmal monatlich, wenn die Ergebnisse (zum Start des Gesprächs) abgeholt werden, aber auch häufiger, wenn die Führungskraft dies als erforderlich ansieht:

- wenn die Ergebnisse nicht erbracht werden, als „Konsequenzenmanagement" (Radatz, 2012), das engere Führung vorsieht;
- wenn der Mitarbeiter noch recht unsicher ist in seiner Konzeptgestaltung und -veränderung sowie in der konsequenten Schaffung von Selbstläufern und Freiräumen;
- wenn die Vorgesetzte noch unsicher ist in Bezug auf ihre Wahl des Mitarbeiters – und sehen will, ob sie genug Vertrauen aufbringt, um den Direct Report in dessen Verantwortung zu bestätigen.

2.1.1. Die Gestaltung/ laufende Optimierung des Optimalszenarios

Während das Konzept des Mitarbeiters an seine Verantwortung in diesem System (Team, Unternehmen) anknüpft und für diese Verantwortung zu jedem Zeitpunkt ein sinnvolles Mittel zum Zweck sein sollte (siehe nächster Punkt), setzt das Optimalszenario an der Person des Mitarbeiters selbst an (siehe auch Abb. 6, nächste Seite) und fragt, was die Person selbst, „an sich" will:

1. Wie sieht sein Lebens-Optimalszenario aus, was braucht er insgesamt in seinem Leben, um zufrieden und glücklich zu sein und langfristig/ nachhaltig „mit sich im Reinen" zu sein?
2. Inwieweit passt das Optimalszenario (noch) zu dem, was das Unternehmen, was Sie als Führungskraft anzubieten haben?

Abb. 6: **Der Unterschied zwischen Optimalszenario und Optimalbild**

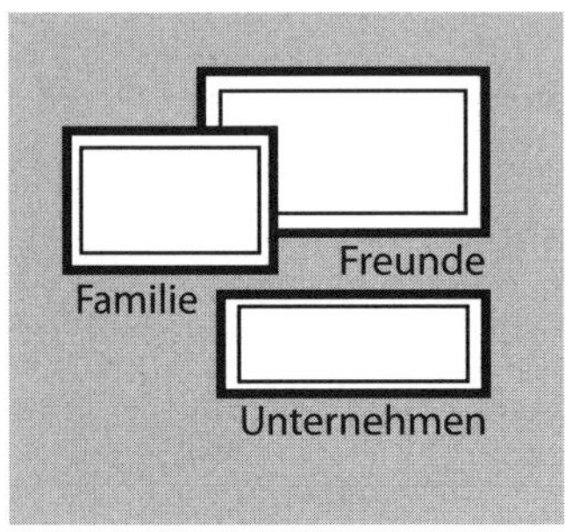

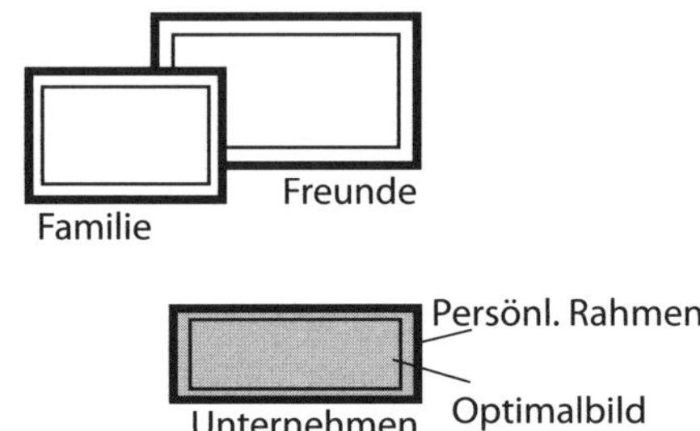

Optimalszenario: Was will ich in meinem Leben leben – über alle Systeme hinweg?

Optimalbild: Wie sieht mein Konzept für dieses System aus?

Ich gehe – um es gleich vorwegzunehmen – nicht davon aus, dass Sie das Unternehmen bzw. Ihr „Angebot" an das Optimalszenario des Mitarbeiters so anpassen sollten, dass Sie dadurch selbst die von Ihnen geforderten Erwartungen nicht mehr erfüllen können (das können und dürfen Sie gar nicht): Wie sollten Sie auch aus dem „Fischkutter", den Sie anzubieten haben, das Luxusschiff „Queen Mary II" zaubern, auf dem Ihr Mitarbeiter vielleicht lieber arbeiten (oder „chillen") würde? Im Klartext meine ich damit: Es wird im Relationalen Ansatz kein „Kompromiss" gefunden, und über den Rahmen verhandelt wird auch nicht.

Mir geht es in dieser Phase vielmehr darum, immer wieder abzugleichen:

- Haben sich die Vorstellungen des Mitarbeiters verändert?
- Hat sich das Angebot des Unternehmens verändert?

- Passen das Optimalszenario des Mitarbeiters und das Angebot des Unternehmens (noch) zueinander?

Und was, wenn Angebot und Nachfrage nicht (mehr) zueinander passen? Nun, dann kann aus meiner Sicht kein Arbeitsvertrag (mehr) zustande kommen – denn sonst würden Sie ja der vorprogrammierten Unzufriedenheit des Mitarbeiters (und der Unzufriedenheit des Unternehmens) bewusst und geplant zuarbeiten. Das hat sich der Mitarbeiter nicht verdient; und ebenso wenig das Unternehmen.

2.1.2. Die Gestaltung/ laufende Optimierung des Konzepts

Die Erarbeitung (und später laufende Verfeinerung) des Konzepts ist aus meiner Sicht die zweite zentrale Verantwortung der Vorgesetzten, die mit einfachen Fragen den Mitarbeiter dabei unterstützt, selbst ein geeignetes Konzept mit den passenden Vorgehensweisen zu entwickeln und zu formulieren – ein Konzept, das geeignet ist, um das geforderte Ergebnis zu erreichen. Und ob dieses vom Mitarbeiter gestaltete (evtl. in Sparringpartnership, in gemeinsamem „Spinnen" mit der Führungskraft entstandene) Konzept „geeignet" ist, sollte meines Erachtens auch immer an der Erfahrung der Vorgesetzten geprüft werden. Anders gesprochen: Dort, wo Sie „keine Idee" und „keine Bedenken" haben, kann der Mitarbeiter volles Trial and Error gehen; dort, wo Sie noch konkrete Erfahrungen einzubringen haben, werden Sie ganz bestimmt nicht den Mitarbeiter das Rad „zum 5. Mal neu erfinden lassen".

Damit sind wir nun auf der Ebene des konkreten Systems, in dem der Mitarbeiter angesiedelt ist, und überlegen, wie der Rahmen, das geforderte Ergebnis, möglichst einfach, effektiv und umfassend erzielt werden kann.

Mit „Konzept" meine ich dabei eine oder mehrere Vorgehensweisen, durchaus auch angereichert durch Plan B, C, D und E, die der Mitarbeiter für sinnvoll hält, um das Ergebnis zu erzielen – und am besten nicht nur einmal, sondern regelmäßig. Und natürlich geht es in der Mitarbeiterbegleitung nicht nur darum, dieses Konzept einmalig mit jedem Mitarbeiter zu erarbeiten, sondern regelmäßig an der Veränderung, Verfeinerung und Optimierung, auch kompletten Neugestaltung des Konzepts zu arbeiten, sobald das Konzept nicht mehr geeignet ist, die geforderten Ergebnisse hervorzubringen, oder die geforderten Ergebnisse sich von Grund auf verändern.

2.1.3. Ausgestaltung von Standards und Selbstläufern – Optimierung von Prozessen

Es macht nun einmal einen Unterschied, ob Ihr Mitarbeiter jeden Tag zum Arbeitsplatz kommt, um abzuarbeiten, was da ist – oder ob er sich den Arbeitsplatz so organisiert, dass geordnet jene Dinge ablaufen, die eben ablaufen müssen, damit er dann stets mehr Freiraum dafür nützen kann, um die bereits bestehenden Selbstläufer-Prozesse immer optimaler – einfacher, lustvoller, kürzer – zu gestalten, und die funktionierenden Vorgehensweisen immer weiter in wiederholbare Prozesse, Checklisten, Ablaufbeschreibungen gießen kann, die er damit auch der Organisation wieder zur Verfügung stellt (und damit die Grundlage für die Lernende Organisation bildet [Radatz, 2010]).

2.1.4. Gestaltung des zeitlichen Freiraums

Bei der Gestaltung des zeitlichen Freiraums achtet die Vorgesetzte insbesondere darauf, dass das Ausmaß der Konzeptgestaltung und -veränderung sowie die Konstruktion von Selbstläufern in Maßen bleiben. Ich habe tatsächlich einmal erlebt, dass eine Mitarbeiterin mehr als 5 Stunden pro Monat aufgewendet hat, um eine Stundenliste zu erstellen – aus der zudem klar hervorging, dass sie sich genau nicht mit dem beschäftigte, was zur Ergebniserzielung beitragen konnte. Ich weiß, dass so etwas häufig passiert; und genau hier braucht es meines Erachtens die

Vorgesetzte, die den Finger am Puls hat und die Relationen zwischen Aufwand und Ertrag noch gut abschätzen kann.

2.2. Worum geht es im Relationalen Coaching?

Relationales Coaching ist aus meiner Sicht „Beratung ohne Ratschlag" – eine Beziehung zwischen der Vorgesetzten und dem Mitarbeiter, in der die Vorgesetzte die Verantwortung für die Gestaltung des Coachingprozesses und der Mitarbeiter die inhaltliche Verantwortung übernimmt – also die Verantwortung, an seinem Thema zu arbeiten. Damit wird auch deutlich, worum es im Relationalen Coaching geht – nicht etwa darum, Menschen „zu etwas zu bewegen", ihnen etwas „zu verkaufen" oder sie im Sinne eines Höher, Weiter, Schneller „zu höheren Leistungen zu pushen", sondern maßgeschneidert (im Interesse des Mitarbeiters) und möglichst effizient (im Interesse der Führungskraft und des Mitarbeiters) mit ihnen an konkret anstehenden Themen aus Sicht des Mitarbeiters zu arbeiten.

Diese Themen können unterschiedlichen Lebensbereichen entspringen, den Spannungsfeldern

- Beruf,
- Organisation oder
- Privatleben,

häufig jedoch Bereichen, die zwei dieser Spannungsfelder oder alle Spannungsfelder gleichermaßen betreffen, etwa Beruf und Organisation (zum Beispiel „Wie kann ich meine Ergebnisse sinnvoller mit den Schnittstellen abstimmen?") Beruf und Privatleben (zum Beispiel „Wie kann ich diese Verantwortung so gestalten, dass ich die Zahl der Überstunden minimiere?") oder Privatleben und Organisation (zum Beispiel „Wie kann ich meine Kernaufgaben so wahrnehmen, dass mir der Beruf in 5 oder 10 Jahren immer noch Spaß macht und das Unternehmen nachhaltig erfolgreich bleibt?") – siehe dazu auch Abbildung 7.

Abb. 7: **Anwendungsbereiche des Relationalen Coachings**

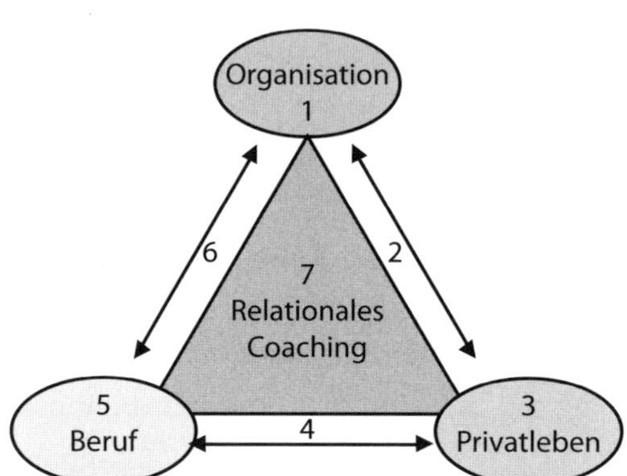

Gelegenheiten für Relationales Coaching gibt es, gerade was das Spannungsfeld Arbeitsplatz angeht, unzählige: Schließlich erleben wir die Aufgaben und Entscheidungen, mit denen wir konfrontiert sind, jeden Tag als komplex und anspruchsvoll – bei kontinuierlich steigendem Zeitdruck; und den Mitarbeitern geht es ebenso. Da tut es gut, anstehende Themen in einem Coaching besprechen und adäquat lösen zu können, sich dabei in den persönlichen Handlungsmustern nachhaltig weiterentwickeln zu können und so nicht nur eine gute Grundlage für die Arbeit an zukünftigen, vergleichbaren Themen zu schaffen, sondern letztendlich auch mehr Sicherheit und Eigenverantwortung zu entwickeln.

Sehr häufig werde ich ungläubig gefragt, wie denn „Coaching" bitteschön funktionieren soll – ein Mitarbeiter findet selbständig Antworten in seinen Themen, indem wir ihm als Vorgesetzte ein paar Fragen stellen? Nun, zunächst sei gesagt, dass im Coaching ja nicht „irgendwelche" Fragen, sondern ganz spezielle gestellt werden, die Sie später noch genauer kennenlernen werden.
In jenen Situationen, in denen der Mitarbeiter mit der Bitte um ein Gespräch zu Ihnen kommt – etwa, weil er mit seinem Konzept (plötzlich)

nicht (mehr) die notwendigen Ergebnisse erzielt oder an den Schnittstellen nicht bekommt, was er braucht – können Sie davon ausgehen, dass er zuvor mehrfach versucht haben wird, selbst das Thema zu bearbeiten. Bloß – und das macht meiner Erfahrung nach den Unterschied zum Coaching aus – wendet er beim „eigenmächtigen Nachdenken" immer seine eigenen Erfahrungen an, die jedoch im Großteil der Fälle eher zu einer Stabilisierung als zu einer Lösung des Themas führen. Warum? Weil der Mitarbeiter die gleichen Denkmuster verwendet, die bereits zur Entstehung und Stabilisierung des Themas geführt haben. Gewissermaßen befindet sich der Mitarbeiter in einem „Hamsterrad", in einem Teufelskreislauf: Alles was er tut, stabilisiert oder vergrößert sein aktuelles Problem weiter (siehe Abbildung 8).
Was passiert nun im Relationalen Coaching? Anstatt dem Mitarbeiter gezielt Ratschläge zu geben, die für ihn mit großer Sicherheit nicht passen, weil sie außerhalb seines Denkrahmens liegen, bieten Sie ihm hauptsächlich mittels offenern, Relationalen Fragestellungen die Möglichkeit, aus seinem bisherigen Denken auszusteigen und die persönliche Situation aus verschiedenen Perspektiven quasi „von außen", aber natürlich immer noch innerhalb seines Denkrahmens zu betrachten und Veränderungen in seiner persönlichen „Struktur" anzudenken (siehe die folgende Abbildung).

Abb. 8: **Relationales Coaching: Das bisherige Tun aus einer anderen Perspektive betrachten**

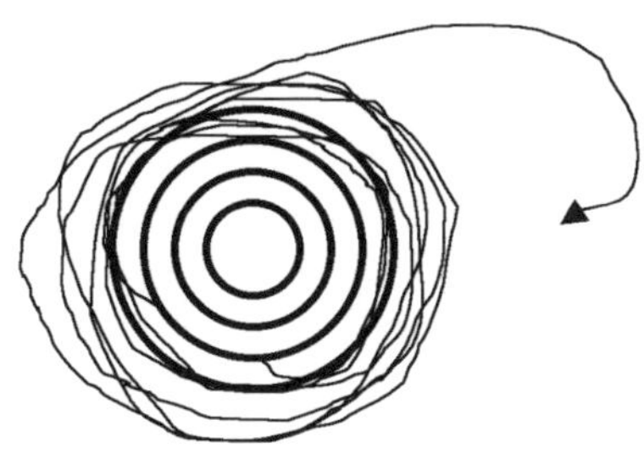

Dabei ist aus meiner Sicht wichtig: Es wird sich niemals „die Situation“ ändern, sondern es liegt an uns, unsere Situation anders zu betrachten und neue Handlungsoptionen zu entwickeln, um andere Ergebnisse, auch Lösungen zu erzielen. Denn ich habe selten erlebt, dass „die Welt erfolgreich auf uns zukommt“ – vielmehr „gehen wir erfolgreich auf unsere Welt zu“.

3. Die Relationale Haltung als Grundlage von Coaching und Mitarbeiterbegleitung

Wir haben als Menschen – und damit natürlich auch in unserer Funktion als Vorgesetzte – die Möglichkeit, uns bewusst zwischen zwei sehr grundlegend unterschiedlichen Weltansichten zu entscheiden. Und je nach unserer Entscheidung für die eine oder andere Haltung werden wir auch sehr unterschiedliche Arten von Gesprächen führen – eine andere Haltung in Gesprächen einnehmen.

3.1. Die Guckloch- versus Relationale Teil der Welt-Haltung

3.1.1. Die Guckloch-Haltung

Die im Abendland sehr weit verbreitete Haltung ist die von Heinz von Foerster so genannte „Guckloch-Haltung" (von Foerster, 1998).
Entscheiden wir uns für diese Haltung, so sehen wir uns metaphorisch gesprochen vor einer geschlossenen Tür und sehen durch ein Guckloch das, was dahinter passiert. Das, was dahinter passiert, geschieht unabhängig von unserem Tun – wir können es also „von außen", quasi „objektiv" betrachten. Und wenn wir dieser Haltung folgen, dann können wir auch als Vorgesetzte als Außenstehende fungieren, als jemand, der den „Überblick" hat und das „objektiv Richtige" raten kann.
Wir wissen dann, was für unser Gegenüber „das Beste" ist und suchen für den Mitarbeiter nach der „objektiv besten" Lösung. Und da wir außen stehen, wissen wir diese Lösung besser als unser Gegenüber, das mitunter ein wenig „betriebsblind" erscheint. Wenn wir die Guckloch-Haltung leben, gibt es für uns „richtig" oder „falsch"; es gibt „die eine entscheidende Lösung", den „Weg", der tunlichst gewählt werden sollte. Ratschläge sind in dieser Welt sinnvoll, denn sie helfen ja unmittelbar und zielgerichtet; zumindest hoffen wir das.

Wir tun also so, als wäre unsere gesamte Welt „trivial", als gäbe es für alles, was uns begegnet, so eindeutige Aussagen wie für die Nutzung eines Computers oder Telefons.
Allein: Meine Erfahrung zeigt, dass es durchaus Sinn macht, einen Unterschied zwischen unserem Umgang mit der „unbelebten" zum Umgang mit der „belebten" Welt zu machen: Wann immer wir es mit Menschen zu tun haben – und Organisationen bestehen ebenfalls aus Menschen – haben wir es aus meiner Sicht mit zumindest zwei folgenschweren Unterschieden zur unbelebten Welt zu tun:
1. Jeder Mensch hat einen Kopf – und dieser Kopf denkt mit seinen hoch spezifischen, einzigartigen genetischen Anlagen, seinen Erfahrungen und seiner aktuell subjektiv erlebten Situation ganz bestimmt anders als Sie; und kommt naturgemäß zu anderen Schlüssen als Sie, die wiederum zu hoch interessanten, „anderen" Herangehensweisen führen können. Das ist alles durchaus positiv – lässt aber unsere Idee von „richtig und falsch" und „eindeutigen Lösungen" sofort ins Schwanken geraten.
2. Jeder Mensch hat zwei Beine – und mit diesen Beinen kann er (vor Ihnen) davonlaufen. Das bedeutet: Nicht nur könnte der andere die Dinge anders sehen als Sie, er könnte dieses „Anderssehen" auch zum Anlass nehmen, woanders sein Glück zu suchen. Er ist also nicht an Sie gebunden; kein Mensch ist an Sie „gebunden", jeder hat jeden Tag die Wahlmöglichkeit, davonzulaufen. Und ich erlebe jeden Tag Führungskräfte, vor denen die Mitarbeiter „davonlaufen" (auch wenn viele davon nur „geistig" davonlaufen, aber physisch immer noch da sind und natürlich weiter auf Ihrer Payroll stehen).

Wollen wir also mit Menschen zusammenarbeiten, so tun wir meines Erachtens gut daran, bei anderen Menschen Unterschiede zu unseren eigenen Gedankengängen zu erleben und durchaus auch wertzuschätzen – und sie im Coaching konsequent zu nutzen (denn in einer Welt des klaren „Richtig" und „Falsch" macht das Coaching auch gar keinen Sinn…).

Das bedeutet: Nicht nur, dass unsere Mitarbeiter mehr und mehr in eine Phlegma-Position gleiten, wenn wir sie mit Ratschlägen bedienen, wir erleben auch ihre (steigende) Unzufriedenheit mit unseren Tipps, weil sie ganz einfach nicht für sie passen; und falls sie den einen oder anderen Ratschlag dann doch umsetzen und es läuft etwas schief („Ich habe alle Kundenfelder bedient, die Sie mir genannt haben; aber ich habe keinen Auftrag erzielt"), können wir gewiss sein, dass sie uns alle Verantwortung für die Folgen der Umsetzung (vorwurfsvoll) zurückdelegieren.

Ich nenne diese Guckloch-Haltung auch gerne die aristotelische Haltung (Radatz, 2013).
Für die naturwissenschaftliche Welt stellte Aristoteles seine Syllogismen auf, seine „Wenn-Dann-Aussagen", die wir in den vergangenen Tausenden Jahren (leider) auf unsere gesamte Welt ausgedehnt haben. Und diese Syllogismen, diese Rezepte, dieses „Know-how" nehmen wir als fix gegeben hin und kommen so erst auf die Idee, anderen Ratschläge zu geben: Weil wir ja davon ausgehen, dass es ohnehin so ist, wie wir es sehen. Weil wir davon ausgehen, dass eine bestimmte Situation kein Mensch anders sehen kann als wir.
Gleichzeitig – Sie merken es vielleicht gerade beim Lesen – nimmt uns diese aristotelische „Ist-Sicht", die Betrachtung der Welt in „Wenn-Dann-Aussagen" die Chance, weiter zu denken, Neues zu denken, uns zu fragen, „Und wenn es denn nicht so wäre?" In einem solchen Moment entstünde Innovation; und vielleicht wird Ihnen auch gerade jetzt klar, warum allerorts die „fehlende Innovation" beklagt wird…

3.1.2. Die Relationale Teil der Welt-Haltung

Die andere, insbesondere im Business-Bereich noch wenig gelebte Haltung nennt Heinz von Foerster die „Teil der Welt-Haltung". Sie beschreibt sehr schön, worum es mir in der Relationalen Haltung geht: Hier sind wir ein Teil des sozialen Systems, das wir beschreiben; und indem wir handeln, beeinflussen wir stets das gesamte soziale System, an dem wir teilnehmen und teilhaben. Das heißt, dass alle Lösungen, alle Ideen, alles was uns sinnvoll erscheint, voll und ganz in Zusammenhang mit uns als Person steht und sich stets höchst individuell gestaltet.

Hier ein paar Beispiele:

- Sobald wir als Mitglied im Golf Club unser Verhalten an den Tag legen, beeinflussen wir damit das Verhalten anderer Mitglieder (sie freuen sich über den Neuzugang; oder wir werden das zentrale Gesprächsthema dort; oder wir bringen frischen Wind auf; oder wir ordnen uns dort völlig unter; oder…) und sorgen damit auch für die weitere Zukunft des Clubs (der nun seine Statuten erstmals im Clubraum aufhängt; eine Veränderung der Clubregeln schafft; oder sich im bisherigen Vorgehen bestätigt fühlt).
- Sobald Sie zur Vorgesetzten ernannt sind, tragen Sie unsichtbar die „Herz-König-Karte" auf Ihrer Stirn. Es bringt nichts, den Mitarbeitern (die früher Kollegen waren) zu sagen, „es hätte sich ja nichts geändert" – denn Sie sind nun jemand anders, und Sie denken auch plötzlich anders, weil Sie die Themen von einer anderen Perspektive her betrachten (müssen).
- Mitarbeiter, von denen Ihre Kollegen immer geschwärmt haben, werden zu „Vollidioten", seit sie in Ihrem Bereich arbeiten. All die Selbstverantwortung, die sie angeblich früher an den Tag gelegt hatten, ist verschwunden, seit Sie den neuen Mitarbeitern gesagt haben, was Sie von ihnen erwarten…

Was bedeutet das?
Jede unserer Handlungen hat Auswirkungen, die wir stets bewusst beachten sollten. Anders formuliert sind wir den sozialen Systemen, in denen wir Mitglied sind, nicht hilflos ausgeliefert, denn wir bestimmen sie in jeder Sekunde mit. Und wenn etwas nicht so läuft, wie wir es uns vorstellen, können wir uns zunächst fragen, wie wir das hingekriegt haben – und dann unser Verhalten ändern.

Andererseits steht es uns aber auch jederzeit frei, ein soziales System (eine „Welt“) zu verlassen, wenn wir den Rahmen darin als nicht mehr passend erleben oder wenn wir merken, dass unsere Handlungen nicht (mehr) zu den entsprechenden erwarteten Veränderungen im System führen: Wenn wir davon ausgehen, dass sich unser „Topf“ jeden Tag verändern darf und auch soll, dann kann es gut und gern passieren, dass der „Deckel“ des Unternehmens eines Tages nicht mehr auf unseren „Topf“ passt, sondern „durchfällt“!
Und das ist nicht einmal etwas Schlechtes, sondern einfach nur eine schlichte Feststellung.
Konkret: Auch wenn wir das Verlassen eines Systems oft als sehr schwierig empfinden, können wir uns dafür jederzeit entscheiden.

Gleichzeitig muss uns klar sein, dass wir jene Systeme, an denen wir nicht teilhaben (also nicht „Teil haben“) und teilnehmen (also auch keinen „Teil nehmen“), auch nicht beeinflussen können. So sind wir zum Beispiel als Vorgesetzte eines Teams nicht Teil des Nachbarteams und können dieses daher auch nicht verändern. Wir können auch als Mitarbeiter nicht das Vorstandsteam verändern. Und wir können als Vorgesetzte ebenso wenig die persönliche Welt des Mitarbeiters ändern, wie die Mitarbeiter unsere persönliche Welt nicht ändern können – denn auch von deren Leben sind Sie (bzw. im umgekehrten Fall sie von unseren) nicht Teil.

Wir können also mit jenen Menschen bzw. Organisationssystemen (Teams, Unternehmen, Kunden, Mitbewerber, Lieferanten), von denen wir nicht Teil sind, laut Ansicht Heinz von Foersters entsprechend „umgehen“, ihnen also ein klares, verbindliches Angebot machen, auf das Ihre Mitarbeiter einsteigen oder das sie ablehnen können. Wir können dieses Angebot so lange verhandeln, solange es uns noch als sinnvoll, als „machbar“, als „im Rahmen unseres Pouvoirs“ erscheint. Und wenn einer Ihrer Mitarbeiter das Angebot nicht annimmt? Nun, dann kommt kein Vertrag zustande.

Das heißt,

- Sie arbeiten dann in einem „vertraglosen Zustand“ (das würde ich Ihnen nicht empfehlen, auch und schon gar nicht bei Mitarbeitern!),
- oder Sie kommen zum Schluss, dass Sie auch ohne diese „nicht vertragsbereiten Systeme“ auskommen (arbeiten also um sie rundherum bzw. lassen sie außen vor und gestalten Ihre Prozesse so, dass Sie sie nicht brauchen)
- oder Sie kommen zum Schluss, dass es weder MIT diesen Mitarbeitern (weil mit Ihnen nicht vertragsbereit) noch OHNE sie (weil dann aus Ihrer Sicht die Ergebnisse nicht erzielbar sind) geht: Dann haben Sie immer die Möglichkeit, das System zu verlassen, weil Sie keine Möglichkeit sehen, Ihre Ergebnisse zu erzielen.

Was natürlich nicht bedeutet, dass die Ergebnisse nicht „an sich erzielbar“ wären: Ein „an sich erzielbar“ gibt es in dieser Teil der Welt-Haltung nicht; entweder es gibt jemanden, der sich darauf einlässt, und es geschickt versteht, das Ergebnis zu manövrieren; oder es gibt eben (im Moment) niemanden; das heißt aber nicht, dass es niemals funktionieren wird.
Ergebniserzielung hängt also immer vom Einzelnen ab; von den Chancen, die er sieht, von den Risiken, die er (ER!) wahrnimmt (und daher für wahr nimmt), ob ein Rahmen erfüllbar, ein Ergebnis erzielbar „ist“. Und selbst wenn Sie davon ausgehen würden, dass ein Ergebnis „an sich erzielbar wäre“, würde Ihnen das nicht nützen, wenn Sie Ihrem Mitarbeiter sagen, „Aber dieses Ergebnis ist an sich erzielbar, sehen Sie nicht die Chancen? Sehen Sie nicht, wie Sie geschickt mit diesen Lieferanten einen Vertrag ausgestalten könnten?“ – denn der Mitarbeiter sieht nicht, was Sie sehen; er ist gefangen in seiner Welt. Sie können ihn weiter entwickeln entlang seiner Fähigkeit zu sehen und zu erkennen, aber Sie können ihn meiner Erfahrung nach nicht zu dem machen, den Sie haben wollen, wenn dies außerhalb seines Denkrahmens ist. Denn dann sieht er nicht nur nicht, was Sie sehen, sondern er sieht nicht einmal, dass er nicht sieht (von Foerster, 1993).

3.2. Gesprächsbeziehung und Gesprächsführung: Ein „Tanz auf der Platte"

Ein sehr anschauliches Bild für die Dynamik in der Gesprächsbeziehung hat Fritz Simon vor einigen Jahren in Form der „Platte" entwickelt: Stellen Sie sich eine Platte vor, die in etwa zwei Meter Höhe schwebt. Nehmen wir an, auf dieser Platte befinden sich Sie und einer Ihrer Mitarbeiter – jener Mitarbeiter, um den es gerade geht; mit dem Sie gerade in Begriff sind, ein Coaching-, Mitarbeiterbegleitungs- oder „Alltags-/ Abstimmungsgespräch" zu führen.
Ich nutze dieses Modell gerne, um im Gespräch laufend die aktuell erlebte Dynamik der Gesprächsbeziehung bewusst zu machen und das Gespräch bewusst erfolgreich zu gestalten. Dabei geht es mir darum, sich bewusst zu machen, welche Position der andere, welche Position Sie gerade im Begriff sind einzunehmen – und ob diese Position eher geeignet ist, die Positionen beider Gesprächspartner zu verfestigen (was mitunter auch gewollt sein kann), oder ob sie die Möglichkeiten für den anderen, für einen selbst im Gespräch öffnet (was auch mitunter hilfreich sein kann): Es macht nämlich aus meiner Sicht durchaus Sinn, zu bestimmten Themen klare Position zu beziehen (dort, wo es um die Vermittlung von Rahmen und Vorgaben geht) – in anderen wiederum geht es darum, im Sparringpartnership Lösungen und Vorgangsweisen zu erarbeiten.

Ich möchte also vorrangig Ihr Bewusstsein schärfen, um subjektiv hinzusehen, welche Position Sie – bildlich gesprochen – gerade einnehmen und ob Sie den Platz auch wollen, an dem Sie gerade stehen (und natürlich finde ich es auch wichtig, Ihnen an dieser Stelle zu vermitteln, dass Sie jederzeit Ihre Position verändern können… auf der „Platte" Ihrer Gesprächsbeziehung).

3.2.1. Gegenposition/ Komplementarität

Das erleben wir sehr häufig im Gespräch: Sobald wir Position bezogen haben, bezieht unser Gegenüber auf fast „magische" Weise Gegenposition. Wenn nun die Vorgesetzte ein bestimmtes Feld definiert und Position einnimmt, wie sie das gewohnt ist, dann ist es nur zu einleuchtend, dass der Mitarbeiter das Feld ausgleicht und die Gegenposition einnimmt: Sie will die „Platte" ja nicht zum Kippen bringen. Was für Vorgesetzte wie Mitarbeiter bedeutet: Sie kommen in die Verteidigungsposition – bildlich dargestellt stehen sie einander gegenüber. Ob sich dadurch die Positionen „verhärten" oder ob sie lediglich „fest" bleiben, hängt von der Art und Weise ab, wie Sie das Gespräch als Vorgesetzte führen: Ich halte es z.B. für sehr wichtig, dass Sie bei der Einforderung der Ergebnisse vom Mitarbeiter laut Rahmen recht standhaft bleiben – aber das bedeutet nicht, dass der Mitarbeiter sich „in eine Ecke gedrängt fühlen" muss.

Abb. 9: **Komplementarität im Gespräch**

3.2.2. „Stehen bleiben"

Eine erste Veränderung der Bewegung besteht also – bleiben wir beim Bild der Platte – darin, dass die Vorgesetzte aufhört, sich hektisch zu bewegen und „Kompromisse" über verschiedene Positionen zu finden, und einfach mal stehen bleibt. Stehen bleiben bewirkt häufig bildlich gesprochen, dass der andere in Bewegung kommt – denn er will „die Platte nicht zum Kippen bringen".

Und was bedeutet „stehen bleiben", übersetzt auf das Gespräch zwischen Ihnen und Ihrem Mitarbeiter? Es bedeutet, dass Sie ein Statement machen, das nicht versucht, das Problem zu lösen („Haben Sie das schon probiert?", „Und was können wir nun tun?"), sondern Ihre Sichtweise der Position Ihres Mitarbeiters definiert („Das ist aber schlecht" oder „Jetzt haben Sie also ein Problem") – und dann Ihren Mund schließen. Geduld ist nun angesagt! Eine Vorgesetzte hat mir einmal berichtet, sie hat tatsächlich eine halbe Stunde gewartet, bis eine Antwort kam; aber dann war das Eis gebrochen.

3.2.3. Der Platz in der Mitte

Bleiben wir aber weiter bei dem Bild: Welche Position würden Sie als Vorgesetzte einnehmen, wenn Sie die Verantwortung für das Balancieren, das Bewegen des Gesprächs bewusst dem anderen übertragen möchten? Richtig – Sie stellen sich in die Mitte der Platte. Dort haben Sie unendliche Ruhe, Zeit und Muße, sich zurückzulehnen und sich darauf zu konzentrieren, was Sie als Nächstes tun wollen.
Sie stellen dort Fragen oder machen Statements, die den Perspektivenraum für den anderen – wiederum bildlich gesprochen – maximal öffnen: („Aha", oder „Und?", oder „Was tun Sie nun?", oder „Was heißt das?"). Damit lassen Sie alle Möglichkeiten offen, machen aber gleichzeitig klar, dass es nun am Mitarbeiter ist, „sich zu bewegen".

Dieser Pol des „In sich Ruhens" führt dazu, dass der andere

- die Platte verlässt
- oder zu Ihnen in die Mitte der Platte kommt
- oder eine bzw. mehrere unterschiedliche Positionen bezieht, also die Dinge aus unterschiedlichen Perspektiven betrachtet.

Sie bleiben dabei stets in der Mitte: Von der Mitte aus können Sie hilfreiche Fragen stellen, die dem einzelnen Mitarbeiter helfen, sich selbstverantwortlich auf der Platte zu koordinieren beziehungsweise zu positionieren.
Wer also von der Mitte der Platte aus offene Fragen stellt, nimmt sich meiner Erfahrung nach selbst aus der Positionierungsdynamik heraus.

Er ermöglicht dadurch seinem Gegenüber, zwischen verschiedenen Positionen abzuwägen und eine Position frei zu wählen, die für ihn passt – und so seine ganz persönliche Balance zu finden. Wobei diese Vorgangsweise kein „Rezept" darstellt, sondern aus meiner Sicht vielmehr ein „Mittel zum Zweck" – zum Zweck der Sicherung der Positionierung des Gegenübers.

3.3. Die der Relationalen Haltung zugrunde liegenden Theorie-Richtungen

Die Relationale Haltung hat ihre Wurzeln in der sokratischen Weltsicht (Radatz, 2013). Aus dieser Weltsicht haben sich im letzten Jahrhundert drei Theorierichtungen heraus gebildet, die eine besonders große Bedeutung für die Relationale Haltung haben:

- Systemisches Denkens (in Form der Kybernetik zweiter Ordnung: von Foerster in von Foerster und Bröcker, 2002),
- Radikaler Konstruktivismus (von Glasersfeld, 1997)
- und Autopoiesis (Maturana und Varela, 1987)

Die drei Theorierichtungen betrachten die Welt aus unterschiedlichen Perspektiven, ergänzen sich aber sehr gut – und bereiten gemeinsam den Boden für das Relationale Denken auf.

3.3.1. Systemisches Denken – die Kybernetik 2. Ordnung

Systemisches Denken hat in sich schon zwei Ausrichtungen: jene der Kybernetik 1. Ordnung und jene der Kybernetik 2. Ordnung. Der Grund, warum Relationales Denken so weit auseinander liegt vom gemeinhin als „systemisch" bezeichneten Denken, besteht meines Erachtens darin, dass das, was in fast allen Büchern, die Sie kennen, als „systemisch" bezeichnet wird, mit der Kybernetik 1. Ordnung arbeitet und von der Betrachtung des Regelkreises in den Naturwissenschaften ausgeht – daher durchaus in der Guckloch-Haltung bleibt, solange sie es nicht mit Menschen zu tun hat (die einen Kopf und zwei Beine haben) oder mit sozialen Systemen, die aus eben diesen Menschen bestehen. Ich gehe fest davon aus, dass die Problematik erst dort entstanden ist, wo die Ideen von Norbert Wiener (Wiener, 1948) rund um das Funktionieren technischer Systeme in Form des Regelkreises von den so genannten „Systemikern" in den 1950er Jahren auf soziale Systeme übertragen wurde und seither von „Ist" und „Soll" und „Gap" und „Hypothesen" in Organisationen gesprochen wird. Worin die Problematik dieser scheinbar simplen „Übertragung"? Nun, aus meiner Sicht besteht sie in der Unmöglichkeit der Betrachtung von und Intervention in soziale Systeme „von außen": Während jahrelang Ist-Analysen und Projektpläne gemacht werden (Radatz, 2013), passiert es durchaus, dass die Beteiligten geistig oder physisch gar nicht mehr da sind, weil sie ihre Beine genutzt haben, um „davonzulaufen" (in die innere Kündigung, in den „Widerstand" oder sie sind dann gar nicht mehr im Unternehmen), allerdings wird dort dann vehement versucht, die Menschen „zurückzubringen" (man geht ja dort davon aus, dass Menschen zielgerichtet beeinflussbar, schiebbar, motivierbar wären…).

Die Kybernetik 2. Ordnung hingegen beschäftigt sich mit dem Zusammenwirken von Menschen in einem System und erteilt der Guckloch-Haltung eine klare Absage. Sie geht wie der grundlegende Relationale Gedanke davon aus, dass all unser Handeln auf uns zurückwirkt – im Gegensatz zum linear kausalen Modell der Kybernetik 1. Ordnung, bei dem wir „Schritt für Schritt vorgehen können", um irgendwann einmal unser Ziel zu erreichen, also unterstellen, dass die Rahmenbedingungen stets gleich bleiben (was ja die Menschen mit denen wir es zu tun haben, nie erfüllen – haben sie doch einen [individuell denkenden] Kopf und zwei Beine, mit denen sie davonlaufen können).
Wir können dann nicht mehr „von außen ruhig beobachten", sondern können davon ausgehen, dass alles Ergebnis, das rund um uns

entsteht, etwas mit uns zu tun hat. Wir tun etwas – und es wirkt auf uns zurück. Jemand anderer tut etwas – und beeinflusst damit unser Handeln, das wiederum das Handeln des anderen beeinflusst. Wir tun nichts – und riskieren damit, dass der andere tätig wird, und beginnt, „uns zu gestalten". Und schon sind wir mitten im Relationalen Denken: Haben wir z.B. „dumme Mitarbeiter", dann können wir davon ausgehen, dass wir uns diese geschaffen haben. Funktioniert unser Team nicht, haben wir noch nicht die passenden Strukturen gesetzt. Das alles hat nichts mit „Schuld" zu tun („Wer ist Schuld daran?"), sondern vielmehr mit Beiträgen: Und aus der Theorie der Kybernetik 2. Ordnung haben wir immer unsere Hände im Spiel – was uns nicht nur eine hohe Verantwortung für das eigene Handeln, sondern auch gewaltigen Handlungsspielraum verschafft! Und ebenso natürlich unseren Mitarbeitern…

Abb. 10: **Beispiele für Fragestellungen aus dem systemischen Blickwinkel**

- Welche Auswirkungen hat Ihr Konzept auf Ihr Umfeld – die Schnittstellen, die Kunden? Und welche Folgen entstehen daraus wiederum für Sie?
- Welche Vorgaben und Rahmen haben Menschen Ihres Umfelds (Mitarbeiter, Teamkollegen, Familie, …), die Sie in Ihrer Lösungsfindung berücksichtigen sollten? Inwieweit beeinflusst dies Ihre Konzeptgestaltung?
- Was würden die Shareholder, Ihre Kollegen, Ihre Mitarbeiter, Ihre potenziellen Kunden Ihnen raten zu tun?
- Woran würden Ihre Mitarbeiter, Ihre Teamkollegen, Ihre Kollegen an den Schnittstellen/ Nahtstellen, die Leitenden, Ihre Kunden, Ihre Familie merken, dass Sie ein hervorragendes, unnachahmliches Konzept gefunden haben?
- Wenn Sie dieses Konzept umsetzen – was wird für alle dann konkret besser? Was wird schlechter? Was ist das Schlimmste, das dann an der Schnittstelle zu Ihren Kollegen passieren könnte?

Für Coaching und Mitarbeiterbegleitung schließe ich aus diesen Überlegungen, dass wir – wenn wir unserem Handeln systemisches Denken in der Kybernetik 2. Ordnung zugrunde legen – für jede Lösungsidee des Mitarbeiters mit unseren Fragestellungen immer wieder die Wechselwirkungen des gesamten relevanten Systems (zum Beispiel Team, Bereich, Unternehmen, Kunden) mit der Person des Mitarbeiters in Beziehung setzen: „Was können Sie tun, damit der Kunde Sie liebt?", „Wie können Sie erreichen, welche Prozessschritte einbauen, sodass die Übernahme an der Schnittstelle optimal klappt?", „Was können Sie dazu tun, dass dieser Prozess niemals ordentlich gelebt wird?" usw.

3.3.2. Der radikale Konstruktivismus

Der radikale Konstruktivismus (Ernst von Glasersfeld, 1996) erklärt, wie Wissen entstehen kann, ohne auf eine beobachterunabhängige Welt zurückgreifen zu müssen. Was heißt das in der Praxis? Es bedeutet, es gibt nichts Objektives, auf das wir zurückgreifen können, von dem wir behaupten können, dass es auch außerhalb unseres Denkrahmens Gültigkeit hat – alles Leben ist subjektive Wahrnehmung.

Dies bedeutet, dass es die Welt, die wir „wahrnehmen" (und „für wahr nehmen") nur einmal gibt – weil sie unserem Kopf entspringt. Alles, was auf uns zu kommt, schaffen wir uns so, dass es uns als zu unserer Welt „passend" erscheint. Sie halten mich für verrückt? Dann denken Sie doch nur an das letzte Mal, als Sie einen Mitarbeiter praktisch schon „abgeschrieben" hatten: Jede Handlung von seiner Seite hat Sie darin bestärkt, dass er ohnehin nicht zu Ihrem Team passt und nicht wert ist, weiter behalten zu werden. Oder denken Sie an das Licht, in dem Ihnen Ihr Vorgesetzter erscheint, nachdem Sie (noch inoffiziell) erfahren haben, dass er „abgesägt" wurde; und an das Licht, in dem er Ihnen ein Monat später erscheint, nachdem Sie (offiziell) erfahren, dass er für die nächsten 5 Jahre verlängert wird. Und wahrscheinlich haben Sie sich schon öfter dabei erwischt, besonders gut gelaunt zu sein, wenn Sie einen beachtlichen Erfolg erzielt haben. Anders verhält es sich, wenn Sie – vielleicht im vorigen Unternehmen? – erlebt haben, dass ein bestimmter Prozess nicht funktionieren kann: Dieser wird dann auch im

aktuellen Unternehmen nicht funktionieren – glauben Sie mir, Sie sorgen dafür, dass er nicht funktioniert, weil sie schlicht und einfach nicht an ihn glauben. Nicht bewusst, aber aufgrund der zentralen Gedanken, Annahmen und Glaubenssätze, die Ihrem Handeln zugrunde liegen.
Natürlich können wir uns die Welt auch anders erfinden – sie anders beschreiben, uns die Zusammenhänge darin anders erklären und neue Bewertungen für unsere Wahrnehmungen finden. Aber das entsteht in unserem eigenen Kopf – und nicht, weil sich unsere Vorgesetzte das gerade wünscht. Hier sind wir also ganz klar nur „Sparringpartner", die den anderen nicht zwingen können, die Welt genauso zu sehen wie man selbst – schon allein deshalb, weil es nie jemanden geben wird, der die Welt so sieht wie wir.
Da macht es wesentlich mehr Sinn, als „Explorer", als Entdecker ins Gespräch zu gehen (Pörksen, 2013), und das Gespräch dafür zu nutzen, neue Perspektiven zu entdecken, die der Mitarbeiter mitbringt – und von denen wir Vorgesetzte durchaus noch viel lernen können.

Abb. 11: **Beispiele für Fragestellungen aus dem radikal konstruktivistischen Blickwinkel**

- Wie sieht Ihr Optimalszenario, wie Ihr Optimalbild in dieser Abteilung, Ihrem „Unternehmen im Unternehmen" aus? Woran werden Sie merken, dass Sie dieses Optimalszenario/ Optimalbild voll und ganz leben?
- Welche Zukunft möchten Sie für sich (für Ihr Team, Ihren Bereich) entwerfen?
- Welches konkrete Verhalten zeigen Sie, welches zeigen in der Folge optimalerweise andere Menschen, wenn Sie das für Sie optimale Konzept leben?
- Wie stellen Sie sich die optimalen Prozesse dazu vor?
- Angenommen, Sie könnten (zum Beispiel Ihre Beziehung zu Ihren Mitarbeitern; zu Ihren Kunden; an den Schnittstellen) ganz neu gestalten - praktisch im Zero Based Design auf der grünen Wiese neu gestalten - wie würden Sie dann Ihr Optimalszenario gestalten?

Legen wir den radikalen Konstruktivismus unserem Coaching und unserer Mitarbeiterbegleitung zugrunde, so gehen wir davon aus, dass der

Mitarbeiter in jedem Gespräch seine aktuelle „Welt" und „Erfahrung" zur Disposition stellt und an neuen Perspektiven arbeitet, sich also „die Welt neu erfindet". Diese Welt werden wir nie verstehen – müssen wir auch nicht, wir wissen ja, dass die individuelle Welt des Anderen viel zu komplex ist, um sie im Detail erfassen zu können – es bleibt uns nichts übrig, als staunend zuzuhören, was hier entsteht; wenn wir die Geduld haben, zu fragen anstatt „anzuweisen".

3.3.3. Die Autopoiesis

Die Autopoiesis (Maturana und Varela, 1984) beschäftigt sich mit der Selbstreferenz lebender Systeme. Sie richtet ihren Fokus auf das Verhalten und Funktionieren des lebenden Systems in Wechselwirkung mit seiner Umwelt. Maturana geht davon aus, dass Menschen immer selbstgestaltet handeln und sich selbst reproduzieren (also laufend das wiederholen, was in ihren Augen bislang schon mindestens einmal funktioniert hat).
Das bedeutet, dass die Menschen stets aufgrund ihrer eigenen Erfahrungen entscheiden, wie sie sich verhalten, und dabei unablässig „in ihrem eigenen Saft braten", also ihre persönlichen Erfahrungen immer wieder aufs Neue als Grundlage für ihre Entscheidungen und Handlungen verwenden. Haben sie gute Erfahrung mit einem Verhalten gemacht, so werden sie dieses Verhalten wiederholen; haben sie (mehrfach) schlechte Erfahrungen damit gemacht, so werden sie nach einigen von außen erlebbaren „Wiederholungsrunden" (wir kommen häufig erst viel später drauf, dass unser Handeln nicht [mehr] das gewünschte Ergebnis bringt, wenn uns dies nicht jemand – z.B. unsere Vorgesetzte – zeitnah mitteilt) neue Handlungsalternativen suchen und auf diese Weise ihren Erfahrungshorizont – ihr Verhaltensrepertoire (oder wie Maturana sagt: ihre persönliche Nische) – vergrößern. Dies tun sie durchaus in Wechselwirkung mit ihrer Umgebung; allerdings entscheiden sie jeweils selbst und für sich, inwieweit sie sich in ihrem Verhalten beziehungsweise ihrer Suche nach für sie „geeigneten" Verhaltensweisen von ihrer Umgebung beeinflussen lassen wollen.

Für den Alltag bedeutet diese Theorie, dass wir andere Menschen nicht gegen deren Willen „überzeugen" können, ja nicht einmal „für sie denken" können – denn das, was aus der Sicht des jeweils anderen sinnvoll ist, entscheidet er immer selbst aufgrund des Erfahrungsgerüsts, das er sich im Laufe seines Lebens aufgebaut hat.

Umso wichtiger ist es, dass wir unseren Mitarbeitern klare, verbindliche Angebote machen, die ebenso verbindlich abzulehnen oder anzunehmen sind – und nur wenn sie angenommen werden, entsteht eine Arbeitsbeziehung.
Und wenn ein Mitarbeiter so tut, als würde er das Angebot annehmen, sich aber in Folge zurücklehnt und in Passivität verfällt? Und wenn Sie – was noch schlimmer ist – sich von diesem Mitarbeiter gar nicht trennen können, weil er z.B. unkündbar ist? Dann kommt immer noch keine Arbeitsbeziehung, kein Vertrag zustande. Das bedeutet: Rechnen Sie lieber gar nicht mehr mit diesem Mitarbeiter. Lassen Sie ihn links liegen und kommen und gehen – und das war´s. Für zentral halte ich es, Konzepte für die Erzielung des Teamergebnisses ohne diese Mitarbeiter zu gestalten und auch die Prozesse ohne diese Mitarbeiter zu gestalten; denn sonst „rechnen" alle Mitarbeiter jeden Tag mit den Kollegen, und müssen auch noch „ungeplant" für sie mitarbeiten…

Abb. 12: **Beispiele für Fragestellungen aus dem autopoietischen Blickwinkel**

- Welche Erfahrungen haben Sie bisher mit diesem Vorgehen gemacht?
- Welche Teile Ihres (nicht erfolgreichen) Verhaltensmusters können Sie verändern? Welche möchten Sie bewusst verändern? Was wollen Sie anstatt dessen tun?
- Was wollen Sie in dieser Situation anders tun? Welche Möglichkeiten sehen Sie für sich jetzt?
- Wenn Sie an Ihre bisherigen Erfahrungen zurück denken: Welche Erfahrungen können Sie – vielleicht auch kombiniert – in dieser Situation einsetzen, um ein anderes, aus Ihrer Sicht besseres Ergebnis zu erzielen?

3.4. Die Relationale Haltung in Mitarbeiterbegleitung und -coaching: Beratung ohne Ratschlag

Der Relationale Ansatz basiert auf der Kybernetik zweiter Ordnung, dem Radikalen Konstruktivismus und der Autopoiesis und geht im Kern davon aus, dass wir unsere Welt mit unseren Beziehungen stets aktiv in irgendeiner Form gestalten: „Wie wir in den Wald hineinrufen, so schallt es heraus." (siehe Abb. 13)

Abb. 13: **Relationales Denken und Handeln**

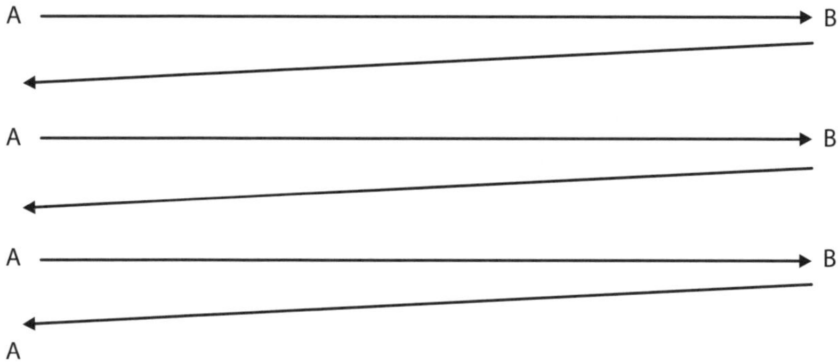

Sehr viele Menschen setzen nun bei B an und warten darauf, dass es „endlich aus dem Wald herausschallt":

- „Meine Mitarbeiter müssen doch endlich kapieren, was ich von ihnen will."
- „Wenn meine Mitarbeiter reif genug sind, ihre Ergebnisse selbständig zu erbringen, dann übergebe ich ihnen auch die Verantwortung."
- „Ich würde gerne meinen Mitarbeitern ganz andere Verantwortungen geben, aber dafür müsste ich erst sicher wissen, dass sie diese auch leisten können."

Im Relationalen Ansatz nutzen wir jede Gelegenheit, um die Gestaltungsmöglichkeiten des A – also die eigenen Gestaltungsmöglichkeiten – voll und ganz auszuschöpfen und (natürlich mit Versuch und Irrtum) neue Verhaltensweisen auszuprobieren, die beim Anderen etwas anderes bewirken können, das wiederum auf uns zurück wirkt.
Denn eines ist aus Relationaler Sicht klar: Jede Ihrer Handlungen hat Auswirkungen – Auswirkungen, die wieder auf Sie zurück wirken. Was immer Sie also getan oder unterlassen haben, erleben Sie in den Verhaltensweisen Ihrer Mitarbeiter und Ihres Teams wie in einem Spiegel. Wann immer Sie mit den Auswirkungen Ihres (bisherigen oder eines bestimmten zukünftigen) Handelns leben können, dann steht dem nichts im Wege; wenn Sie aber etwas anderes (als bisher) erleben wollen, dann sollten Sie etwas anderes tun.

Der ganz große Unterschied zwischen unserem gewohnten Denken und dem Relationalen Denken besteht also darin, dass wir nicht zuerst die Menschen tun lassen und dann (regulierend) eingreifen, etwa so:

- „Machen Sie doch mal ein paar Vorschläge und wir sprechen dann darüber."
- „Arbeiten Sie das mal nach Ihren eigenen Vorstellungen aus und ich entscheide dann."
- „Wie hätten Sie es denn gerne?" (meist wissend, dass Sie ohnehin schon entschieden haben: Hier erzeugen wir zudem Frustration beim Anderen!)

Wir lassen sie nicht ins Blaue arbeiten, sondern geben im Vorhinein den Rahmen bekannt. Das bedeutet aber nicht, dass wir bei jedem Projektchen erklären, was wir wollen, sondern vielmehr, dass jeder Mitarbeiter eine Verantwortung hat und dann selbst entscheidet, welche Themen bzw. Vorhaben er gestaltet (sodass Sie nie mehr Projekte vergeben, und nie mehr Vorlagen zur Entscheidung bekommen). Im Klartext bedeutet dies, einen klaren Ergebnisrahmen setzen, nicht etwa „pro Aufgabe", sondern als Rahmen für seine Verantwortung, der dann unbefristet gilt – siehe Kap. 1.3.1.).

Innerhalb dieses Rahmens begleiten Sie als Vorgesetzte Ihren Mitarbeiter mit geschickten Fragestellungen bei seinen persönlichen Themen (Relationales Coaching) und bei seiner gesicherten Ergebniserzielung sowie regelmäßigen Weiterentwicklung (Relationale Mitarbeiterbegleitung).

3.5. Sieben Voraussetzungen für die Umsetzung der Relationalen Haltung in die Praxis der Mitarbeiterbegleitung und des Mitarbeitercoachings

Insgesamt sieben Voraussetzungen habe ich als förderlich für das Führen von Relationalen Coaching- bzw. Begleitungsgesprächen identifiziert:

- Lethologische Begabung
- Vertrauen und Wertschätzung
- Eigene Ideen ansprechen – und loslassen können
- Unterstützung anderer auf deren Wegen
- Dissoziieren
- Geduld
- Eigene Lernbereitschaft beim Vorgesetzten

3.5.1. Lethologische Begabung

Lethologie ist nach Heinz von Foerster die Lehre des Nichtwissens (von Foerster, 2002: 305 ff.). Es geht dabei um die Verwandlung des scheinbar „Wissenden" in einen Menschen, der sagt: „Ich besitze mit Sicherheit nicht den letzten Stein des Weisen. Kann ich Sie dabei unterstützen, eine Lösung zu finden, die aus unser beider Sicht zum Erfolg führt?"

Vorgesetzte, die ihre Mitarbeiter erfolgreich begleiten und coachen wollen, brauchen meiner Erfahrung nach eine ausgeprägte lethologische

Begabung. Sie gewöhnen sich an den Gedanken, dass das, was sie für den anderen gut finden, für diesen nicht selten das Gegenteil von „gut" ist, und das eigene Wissen nun einmal weder zur Denkstruktur noch zum Erfahrungsspektrum eines anderen Menschen passen kann. Und wer das alles für Unsinn hält, wer davon ausgeht, dass doch „effektive Erfahrung jedenfalls genutzt werden sollte", dass es doch „überhaupt keinen Sinn mache, Wissen künstlich zurück zu halten", der sei zwar an dieser Stelle selbstverständlich dazu ermuntert, sie einzubringen, aber nicht daran festzuhalten; denn er sei hier auch an die extrem sinkende Halbwertszeit von „Wissen" und „Erfahrung" erinnert (wenn überhaupt so etwas in Zukunft noch existiert), die uns mehr und mehr ratsam erscheint, gar keine Erfahrung mehr an den Tag zu legen, um auch wirklich abstrahieren zu können und zu den (notwendig) gänzlich neuen Lösungen zu kommen.
Das Motto dabei: Auch die Vorgesetzte darf lernen!

3.5.2. Vertrauen und Wertschätzung

Die Relationale Haltung bedarf meiner Ansicht nach eines durchgängigen Vertrauens in die (Denk-)Fähigkeiten des Mitarbeiters. Die Wertschätzung seiner Lösungsideen (anstatt das Kritisieren seiner bisherigen „Fehler") und das Vertrauen, dass er in jeder Situation darauf fokussiert, die Ergebnisse zu erzielen, sollten im Gespräch stets im Mittelpunkt stehen.
„Vertrauen" ist aus meiner Sicht darüber hinaus hier auch generell das Zünglein an der Waage: Habe ich (noch) Vertrauen, dass der Mitarbeiter (jemals) das Gewünschte erbringen wird? Oder habe ich kein Vertrauen (mehr) und kann ihn daher für nichts wertschätzen, das mir etwas Wert ist? So sich die Vorgesetzte Letzteres eingesteht, führt meiner Erfahrung nach kein Gespräch mehr ans gewünschte Ziel – Coaching und Mitarbeiterbegleitung, aber auch die generelle Aufrechterhaltung der Vorgesetzten-Mitarbeiter-Beziehung machen nur Sinn, wenn (noch) Vertrauen zumindest in die potenzielle Rahmen-/

Ergebnisvorgabenerfüllung und ein „funktionierendes Miteinander" besteht.

3.5.3. Eigene Ideen ansprechen, aber auch loslassen

Es ist verständlich, dass Vorgesetzte – sie sind ja Menschen! – auch eigene Ideen zu anstehenden Themen haben. Ich halte viel davon, solche Ideen einfach auszusprechen – allerdings vielleicht dann elegant verpackt in einer hypothetischen Frage („Angenommen, ich hätte die Idee, dass es in dieser Situation etwas ganz anderes braucht – dass Sie sich in den vergangenen Tagen verrannt haben – was würden Sie dann sagen?" oder „Angenommen, es käme jetzt hier jemand herein, mit dem wir beide nichts zu tun haben – jemand aus der Nachbarabteilung zum Beispiel – und er würde Ihnen sagen, dass Sie einen viel einfacheren Prozess dazu gestalten könnten: Was würden Sie ihm antworten?" oder „Welche Weichen würden Sie denn anders stellen, wenn Sie keinen weiteren Mitarbeiter bekommen würden – was wäre dann wichtig, in Richtung Prozessgestaltung zu tun?"). Wenn der Mitarbeiter daraufhin antwortet, „Das würde ich nicht akzeptieren können", dann haben Sie ein anderes, klares Gesprächsthema; dann geht der Mitarbeiter vielleicht von Grundannahmen aus, die Sie nicht haben; oder er hat andere Werte oder andere Erfahrungen als Sie; und diese könnten besprochen, gegebenenfalls aber auch sogar hilfreich sein…

Zentral ist aus meiner Sicht, dass wir mit der Antwort des Mitarbeiters leben können – dass wir nicht darauf bestehen, dass wir mit unseren Ideen recht haben („Sie wissen es noch nicht: Aber das ist in Wirklichkeit Ihr großes Problem"): Solange das Ergebnis erzielt wird, müssen wir wohl davon ausgehen, dass nicht nur unser eigener Weg „nach Rom führt", sondern dass es auch andere Wege und Möglichkeiten gibt (bei denen vielleicht auch Sie etwas lernen können). Hilfreich ist hier auch der Grundsatz: Ein guter Kellner bietet stets die Spezialitäten des Tages an – aber er wird den Gast nicht zwingen, sie zu essen.

Und wenn der Mitarbeiter die Ergebnisse nicht erzielt? Dann sollte er keine Konzepte mehr anwenden, von denen die Vorgesetzte nichts hält – und die Ergebnisse, die er mit den Konzepten erzielt, viel häufiger mit seiner Vorgesetzten abstimmen: Das nenne ich dann „engere Führung". Und während dieser Zeit, in der die Vorgesetzte nicht mehr jeden Monat, sondern jede Woche oder sogar vielleicht jeden Tag ein Ergebnisgespräch mit dem betreffenden Mitarbeiter führt, hat die Vorgesetzte Zeit, sich klar darüber zu werden, ob sie überhaupt noch das Vertrauen hat, dass dieser Mitarbeiter die Ergebnisse jemals erzielen wird.

3.5.4. Unterstützung anderer auf deren Wegen

Coaching wird für die Unterstützung der Planung, Gestaltung und Lösungsfindung des Mitarbeiters angewendet. Daher dreht sich das Gespräch stets um seine Sicherung der Ergebnisse, um seinen nächsten Schritt, um seine individuelle Konzeptgestaltung. Es geht nicht darum, dem Mitarbeiter etwas „reinzudrücken", ihm auf dem Wege des Coachings vielleicht sogar ein paar weitere Probleme „zu machen": Neue Kunden, „die für ihn aufgegabelt wurden", neue Prozesse, die „ganz im Sinne des Mitarbeiters natürlich" gerade mal verändert wurden, das Gespräch mit dem obersten Chef, das bewirkt hat, dass nun ganz neue Themen „von oben kommen".
Wer konsequent beim nächsten Schritt des Mitarbeiters bleibt und respektiert, dass es sich dabei nicht um die eigenen Schritte handelt, hat meiner Erfahrung nach schon die halbe Miete im Coaching (und in der Mitarbeiterbegleitung) erbracht.

3.5.5. Dissoziieren

Zwei Leitsätze sind im Relationalen Coaching von großer Bedeutung: „Es ist in erster Linie nicht mein Thema" und „Meine Mitarbeiter sind nicht meine Kinder, die ich vor irgend etwas beschützen und deren

Wege ich immer ebnen muss". Vorgesetzte, die erfolgreich coachen und ihre Mitarbeiter in deren selbständigen Erfolg begleiten wollen, brauchen geistigen Abstand: Sie brauchen weder für sich noch ihre Mitarbeiter vorausdenken und können sich darauf verlassen, dass jeder Mensch, der sich ein Problem „bastelt", auch fähig ist, dieses wieder zu lösen. Mit „dissoziieren" meine ich, dass wir uns als Vorgesetzte im Relationalen Coaching bewusst inhaltlich vom Thema, vom „Mitdenken" entfernen, denn wenn „wir zu nahe am Geschehen" sind, sehen wir erstens den Wald vor lauter Bäumen nicht mehr (verlieren uns also in Details) und zweitens können wir uns keine Metaperspektive verschaffen, um mit den passenden Fragen einen echten Perspektivenwechsel beim Mitarbeiter einleiten zu können.

3.5.6. Geduld

Wer den anderen zum Nachdenken bringen will; wer will, dass der andere neue Perspektiven einnimmt, die Welt von einer anderen Seite aus sieht, neue Gestaltungsmöglichkeiten findet und erfindet, neue Ideen entwickelt, der braucht auch Geduld mit dem anderen. Diese besteht nicht etwa darin, auf den Mitarbeiter ohne Unterlass einzureden; sondern vielmehr darin, den eigenen Redeanteil zu senken. Es reicht meiner Erfahrung nach, eine „perfekt passende" Frage (dazu später) zu stellen und dann den Mund zu schließen. Und zwar so lange, bis der Mitarbeiter eine Antwort für sich gefunden hat! Hier gilt also: Weniger ist mehr. Ich habe durchaus in den vergangenen Jahren schon mehr als 15 oder 20 Minuten auf eine Antwort gewartet – aber diese veränderte dann nachhaltig den Horizont und Denkrahmen meines Gegenübers.

3.5.7. Bei jedem Coaching lernt (auch) die Vorgesetzte

Vorgesetzte können jedes Coaching nutzen, um auch selbst zu lernen: Noch präzisere Fragen zu stellen, die noch genauer den Punkt treffen, noch bessere Sparringpartner-Dienstleistung gegenüber dem Mitarbeiter zu erbringen, das eigene Wissen zu erweitern und nächste Schritte im gesamten Bereich zu planen. Wer sich häufig dabei ertappt, nach einem Coaching-Gespräch zu denken, „Spannend, diese Ideen: Darauf wäre ich nie gekommen", ist daher nach dieser Definition auf einem guten Wege…

4. Relationale Fragen: Das Kernwerkzeug von Mitarbeiterbegleitung & Coaching

Wenn wir die Relationale Haltung leben, dann gehen wir davon aus, dass die Dinge nicht „so sind, wie sie sind", sondern dass sie so sind, wie wir sie sehen – wie wir sie gestalten und erleben. Das bedeutet: Wir können sie auch anders gestalten und erleben – indem wir gezielt andere Perspektiven einnehmen und von anderen Positionen aus unser Thema betrachten.
Und genau das soll auch im Relationalen Coaching und in der Mitarbeiterbegleitung erreicht werden: Dort geht es darum, die Dinge immer wieder neu und anders zu denken und zu gestalten, um die geforderten Ergebnisse zu erreichen bzw. auf anstehende zentrale Fragen Lösungen zu finden.

Dafür stellen wir Fragen – und stellen damit das bislang Angenommene in Frage.
Allerdings stellen wir nicht „irgendwelche" Fragen, sondern sehr spezifische, die ich zusammengenommen „Relationale Fragen" nenne. All diesen ist gemein, dass sie die Wirkung von Dynamit haben und den Mitarbeiter sofort aus seinem bisherigen „Hamsterrad-Denken" herausholen. Daher sollten sie nicht einfach gedankenlos ins Gespräch gemixt, sondern bewusst und pointiert eingesetzt werden.
Und noch etwas sehe ich als zentral an: Gerade weil Relationale Fragen den Mitarbeiter sehr stark zum Denken anregen, empfiehlt es sich, diesem nach dem Stellen der Frage unbedingt eine „Nachdenkpause" zu gönnen – schon allein um seinen Denkmotor erfolgreich anzuwerfen.

Hier heißt es, als Vorgesetzte durchzuhalten:
Lehnen Sie sich zurück, signalisieren Sie Ihrem Mitarbeiter, dass er jetzt dran ist – und schweigen Sie. Schweigen Sie, bis die Antwort des

Mitarbeiters kommt! Meinetwegen zählen Sie im Stillen bis 500, um sich die Zeit zu vertreiben – und wenn Sie bei 500 angelangt sind und Sie noch immer keine Antwort bekommen haben, beginnen Sie mit dem Zählen einfach wieder von vorn. Lediglich wenn Ihr Mitarbeiter meint, er hätte den Faden verloren, können Sie Ihre Frage nochmals wiederholen...

4.1. Eigenschaften Relationaler Fragestellungen

Relationale Fragen unterscheiden sich wesentlich von jenen Fragen, die wir im täglichen (Berufs-) Leben gewohnt sind zu stellen. Wodurch? Das habe ich im Folgenden in einigen zentralen Aspekten zusammengefasst.

4.1.1. Relationale Fragen sind offene Fragen

Relationale Fragen sind stets offene Fragen; sie beginnen mit den sogenannten W-Wörtern: Wie, was, wann, wer, womit, etc. Damit unterscheiden sie sich grundlegend von den „geschlossenen" Fragen, die wir fast ausschließlich im Alltag verwenden und die unser Gegenüber nur mit Ja oder Nein beantwortet, etwa „Haben Sie den Kunden im Griff?", „Funktioniert die Kommunikation mit dem C-Team?" oder „Haben Sie schon versucht, dieses oder jenes zu tun?".
Bei Relationalen Fragen wird immer darauf geachtet, mit jeder Frage Handlungsmöglichkeiten in der Zukunft zu eröffnen oder zu erweitern. Sehr selten verwenden wir daher Fragen mit „warum" – denn sie stellen eindeutige Fragen nach Gründen für unser (meist nicht erfolgreiches) Handeln in der Vergangenheit dar, und diese brauchen wir im Relationalen Ansatz weder, um die geforderten Ergebnisse nachhaltig zu erzielen, noch, um anstehenden Fragestellungen der Zukunft für uns zu beantworten.

4.1.2. Relationale Fragen sind Denkfragen

Sehr viele Vorgesetzte ertappen sich im Arbeitsalltag häufig dabei, sogenannte „Reporterfragen" zu stellen – also Fragen, bei deren Antwort allein der Fragende Information bekommt. Diese Fragen erkennen wir daran, dass wir vom Mitarbeiter schlagartig Antworten bekommen – wie aus der Pistole geschossen.
Für den Mitarbeiter entsteht bei solchen Reporterfragen, wie zum Beispiel „Wie viele Stunden haben Sie in das Thema investiert?" oder „Wer war aller daran beteiligt?" oder „Was hat der Kunde dazu gesagt?", kein Mehrwert, auch wenn wir es mit „offenen" Fragen zu tun haben. Ein Umdenken in der „Art zu fragen" ist für die meisten Führungskräfte ein echter Challenge – allerdings ein Challenge, der sich lohnt.

Dass wir im Gegensatz dazu eine Denkfrage gestellt haben – etwa „Woran werden Sie erkennen, dass Ihre Kunden zufrieden sind?" oder „Welche Auswirkungen hat es auf Ihre Beziehung zu den Kunden, wenn Sie Ihre Arbeit in Ruhe erledigen können?" – erkennen wir mit Sicherheit daran, dass der Mitarbeiter einige Zeit braucht, um darauf eine Antwort zu finden. Meist quittiert er sein Nachdenken mit einem „Gute Frage" oder „Keine Ahnung" oder „Ich weiß nicht" oder „Schwierige Frage…". Spätestens dann wissen wir: Wir haben eine Denkfrage gestellt.
Relationale Fragen sind immer sogenannte „Denkfragen": Sie erzeugen beim Mitarbeiter eine neue Information. Denkfragen regen den Mitarbeiter zum Denken an und ermöglichen ihm, eine neue Perspektive einzunehmen – im Sinne einer Aufforderung, gewohnte Denk- und Handlungsmuster in Frage zu stellen beziehungsweise zu verlassen. Da kann es manchmal schon dauern, bis wir „unseren Denkmotor anlassen".

4.1.3. Relationale Fragen zielen darauf ab, die Zukunft zu optimieren

Relationale Fragen fokussieren darauf, die Zukunft zu optimieren und nicht darauf, die Vergangenheit zu analysieren. Warum? Weil ich davon ausgehe, dass eine Analyse der Vergangenheit zwar interessant sein mag, aber nichts zur Optimierung der Zukunft beiträgt (de Shazer, 1994): Was uns gestern erfolgreich gemacht oder gepeinigt haben mag, muss morgen keine Rolle mehr spielen; denn die Welt, unsere Situation, unsere Handlungsmöglichkeiten ändern sich ständig, ohne Unterlass.

Relationale Fragen streben hingegen nach hoher Effizienz: Ich gehe davon aus, dass wir unsere Erfahrungen aus der Vergangenheit immer wie einen Rucksack mit uns mittragen, wenn wir über die Zukunft sprechen; daher brauchen wir die Vergangenheit nicht explizit zu erörtern, um etwaige brauchbare Elemente für die völlig neue Gestaltung der Zukunft zu extrahieren, sondern fokussieren gleich von Beginn weg auf die Zukunftsgestaltung:

- Welches Verhalten würde aus Ihrer Sicht in Zukunft mehr Sinn machen?
- Wie wollen Sie dem Kunden ab morgen begegnen, damit Sie Ihre Ergebnisse sichern?
- Welche Ergebnisse erhoffen Sie sich für die Zukunft?
- Welche Kenntnisse brauchen Sie nächstes Jahr, um die Herausforderungen erfolgreich zu bewältigen?

4.1.4. Relationale Fragen fragen danach, was Mitarbeiter TUN können, anstatt was „sein soll"

Auch scheinbar kleine Nuancen in der Fragestellung können Großes bewirken. So macht es einen Unterschied, ob wir fragen, „Wie sollte denn der Auftrag aus Ihrer Sicht ablaufen?" (dann bekommen Sie meist eine endlos lange „Wunschliste an das Christkind" zur Antwort, gemäß der alle anderen ganz viel tun sollten, um die Situation optimal zu gestalten), oder ob Sie fragen, „Was sollten Sie denn aus Ihrer Sicht tun, damit der Auftrag exzellent abläuft?" (dann nehmen Sie Ihren Mitarbeiter voll in die Verantwortung).

Mit der Frage nach dem Tun verschieben wir die Verantwortung von „außen" („es" soll etwas passieren) nach innen („Sie" sollten etwas anderes tun). Um es auf den Punkt zu bringen: Wer möglichst viele „Affen" auf den eigenen Schultern haben will, fragt seinen Mitarbeiter, wie „es sein sollte". Und wer beim Mitarbeiter möglichst viel Selbstverantwortung erzeugen will, fragt ihn, was er aus seiner Sicht tun will/ soll/ muss (siehe folgende Abbildung mit Beispielen).

Abb. 14: **Beispiele für Fragen danach, was sein soll, versus danach, was getan werden soll**

Fragen danach, was SEIN soll	**Fragen danach, was der Mitarbeiter TUN soll**
Wie soll das Meeting in Zukunft gestaltet werden?	Was können Sie dazu tun, dass das Meeting in Zukunft viel mehr Ihren Vorstellungen entspricht?
Wie soll der Prozess aus Ihrer Sicht gestaltet werden?	Wie möchten Sie aus Ihrer Position heraus in Zukunft den Prozess gestalten?
Wie soll die Beziehung zwischen Ihnen und dem Team an der Schnittstelle aussehen?	Wie wollen Sie die Beziehung zwischen Ihnen und dem Team an der Schnittstelle in Zukunft gestalten?
Wie hätten Sie gerne die zukünftige Informationsstruktur im Haus?	Welche Informationen brauchen Sie von den Schnittstellen zu Ihrem Bereich und wie sichern Sie, dass Sie diese auch bekommen?

4.1.5. Relationale Fragen fokussieren auf Lösungen

Führungskräfte haben nicht endlos Zeit. Daher arbeiten sie am besten ohne Umwege an Lösungen – auf die kürzest mögliche, effizienteste und effektivste Weise.

Dabei können die Fragen durchaus problemfokussiert (Watzlawick, 1999) oder auch lösungsfokussiert (de Shazer, 1994) formuliert werden (siehe Abb. 15) – beide fokussieren jedoch auf die Gestaltung eines funktionierenden Ergebnisses.

Abb. 15: **Relationale problem- vs. lösungsfokussierte Fragen**

Relationale problemfokussierte Fragen	Relationale lösungsfokussierte Fragen
Was können Sie tun, damit es noch schlimmer wird?	Was tun Sie, damit Sie beim nächsten Mal sicher die Ergebnisse erreichen?
Was braucht es in dieser Situation, damit sicher alles schief geht?	Welche Themen sind jetzt wichtig zu bedenken, um das Ruder noch herum zu reißen?
An welchen Eckdaten/ Meilensteinen werden Sie erkennen, dass Sie das Ergebnis ganz sicher nicht erreichen?	Woran – an welchen Eckdaten/ Meilensteinen werden Sie merken, dass Sie das Ergebnis ganz bestimmt erreichen?
Wie wird dieser Auftrag ein Fiasko?	Wie wird dieser Auftrag ein voller Erfolg?
Woran würden die Kunden erkennen, dass sie nicht (mehr) ernst genommen werden?	Woran werden die Kunden erkennen, dass Sie sie lieben – dass sie zu jedem Zeitpunkt ernst genommen werden?

4.1.6. Relationale Fragen beziehen sich immer auf die Optimierung des Systems

Es macht wenig Sinn, lediglich aus Sicht des Mitarbeiters optimale Lösungen und Maßnahmen zu erarbeiten, die jedoch nicht zu den Strukturen des betreffenden sozialen Systems passen, in dem die Lösung erfolgreich gelebt werden soll. Welche Lösung auch immer erarbeitet wird: Es wäre schön, wenn sie zum sozialen System passt, für das sie erstellt wurde. Oder anders formuliert: Wir müssen mit unseren Fragen aus meiner Sicht stets die Auswirkungen der gefundenen Lösung auf das betreffende soziale System (zum Beispiel Familie; Team; Unternehmen; Markt) mit integrieren. Dies können wir etwa tun, indem wir fragen, „Woran werden Sie denn erkennen, dass Sie die für sich passende Lösung gefunden haben, mit der auch Ihre Mitarbeiter gut leben können?".

4.1.7. Relationale Fragen fokussieren auf das Innen – und nicht auf das Außen

Es geht mir im Coaching und in der Mitarbeiterbegleitung bewusst nicht um die gemeinsame Schaffung von Begriffen, sondern um die Erarbeitung dessen, was vom Mitarbeiter unter einem bestimmten Begriff verstanden wird.
Wenn wir nämlich davon ausgehen, dass jeder Mensch eine persönliche Struktur hat, dann verfügt er auch über eine recht individuelle Sprache und Art zu kommunizieren, eine ganz spezifische Weise, die Dinge zu beschreiben. Mit anderen Worten: Jeder Ihrer Mitarbeiter versteht mit Sicherheit etwas anderes unter „Leistung" als Sie. Aber auch zwischen den einzelnen Mitarbeitern finden wir fast nie Übereinstimmungen in den Begriffsdefinitionen. Was dazu führt, dass genau an dieser Stelle oft Konflikte entstehen; intrapersonelle Konflikte („Ich verstehe nicht, warum ich von meinen Kollegen nie das bekomme, was ich haben will") oder interpersonelle („Er will einfach nicht kapieren, worum es bei dieser Aufgabe geht"). Diesen Konflikten können wir im Alltag entgehen, wenn wir uns strikt angewöhnen nachzufragen, was unser Gegenüber unter einem bestimmten Begriff versteht – auch wenn es auf den ersten Blick vielleicht komisch anmutet.

In Coaching und Mitarbeiterbegleitung stellt die Frage nach der „Innendefinition" eines Begriffs („Was verstehen Sie unter „Leistung", „Erfolg", „guter Arbeit", „reibungslosem Ablauf"?") ein zentrales Werkzeug dar, das oft eine entscheidende Wende in der Lösungserarbeitung bringt. Die Frage, „Was verstehen Sie denn unter ...?" ist daher eine Frage, die neue Perspektiven eröffnet und meines Erachtens bei jedem neuen zentralen Begriff gestellt werden sollte, das vom Mitarbeiter ins Gespräch eingebracht wird.

4.1.8. Relationale Fragen sind niemals Suggestivfragen

Relationale Fragen dienen nicht dazu, zu prüfen, ob jemand „recht hat" („Sind Sie auch der Meinung, dass das die einzige Möglichkeit ist?"), sondern immer dazu, Handlungsalternativen zu erweitern („Was denken Sie, was hier an Lösungen möglich wäre?"). Hier gilt die Faustregel: Je weniger die Vorgesetzte für den Mitarbeiter denkt, desto besser.
Wenn eine Vorgesetzte in einem Coaching oder einer Mitarbeiterbegleitung versucht, mit ihrer Lösung recht zu behalten, beziehungsweise den Mitarbeiter „auf die richtige Bahn" bringen will, dann werden die meisten Mitarbeiter beginnen, sich zu wehren, „in den Widerstand zu gehen". Und allerspätestens dann sollte uns auffallen, dass wir eine Suggestivfrage gestellt haben.

4.2. Arten von Relationalen Fragestellungen

Es gibt Millionen Relationaler Fragen, die in jedem beruflichen Gespräch, in Verhandlungen, ja, sogar in Privatgesprächen außerordentlich hilfreich sind. Der Phantasie sind dabei nur Grenzen auf Seiten des jeweiligen Gegenübers gesetzt: Wenn das Gegenüber eine Frage sinnvoll findet und die Frage ihn zur Lösung bringt, dann war es die „passende" Frage. Den Relationalen Fragen ist dabei stets gemeinsam, dass das Gegenüber eine ganze Weile benötigt, um darauf eine Antwort zu finden.
Hier gilt: Je länger der Mitarbeiter braucht, um die Frage zu beantworten, desto besser ist diese offensichtlich geeignet, ihn aus seinem bis-

herigen Denkmuster „herauszuholen“ – und während der Mitarbeiter über die Beantwortung nachdenkt, sollte kein Wort von der Vorgesetzten den Gedankenfluss unterbrechen.
Im Folgenden habe ich Beispiele für die aus meiner Sicht wichtigsten Arten Relationaler Fragen beschrieben.

4.2.1. Fragen zum Optimalszenario

- Wie sieht Ihr Optimalszenario aus?
- Woran merken Sie konkret, dass Sie Ihr Optimalszenario leben?
- Wann haben Sie je in Ihrer Vergangenheit Ihr Optimalszenario bereits umfassend gelebt? Was haben Sie da konkret getan?
- Wie könnten Sie sich in Zukunft so verhalten, dass Sie von sich sagen können, „Ich lebe mein Optimalszenario voll und ganz“? Und was könnten Sie tun, damit Sie sich in Lichtgeschwindigkeit von Ihrem Optimalszenario wegbewegen?

4.2.2. Verhaltensfragen

- Was TUN Sie/ dieser Kollege/ der Kunde/ der Mitbewerber idealerweise? Und was tun Sie, damit die Wahrscheinlichkeit höher wird, dass er aus Ihrer Sicht optimal handelt?
- Was tun Sie in dieser Situation nicht, das Sie in bisherigen erfolgreichen Situationen immer getan haben?
- Wie können Sie sich eine aus Ihrer Sicht bessere Situation gestalten?

4.2.3. Fragen nach Unterschieden

- Skalenfragen: Auf einer Skala von 0 bis 10, wenn 0 = „Sie leben Ihr Optimalszenario überhaupt nicht“ und 10 = „Sie leben Ihr Optimalszenario voll und ganz“ – wo stehen Sie gerade jetzt? Was tun Sie anders, wenn Sie einen Punkt höher auf Ihrer Skala sind? Was tun die anderen dann anders? Was Sie wiederum?

- Was ist der Unterschied in Ihrem Verhalten zu jetzt, wenn Sie Ihr Optimalszenario voll und ganz leben?
- Was ist der Unterschied zwischen dem Erfüllen der Ergebnisvorgaben und dem „nachhaltigen", also regelmäßigen Erfüllen der Ergebnisvorgaben? Was tun Sie anders, wenn Sie Ihre Ergebnisvorgaben regelmäßig als „Selbstläufer" erbringen?

4.2.4. Beschreibende, erklärende und bewertende Fragen

- Wie würden Sie Ihr, wie das Verhalten Ihres Gesprächspartners/ Kunden (...) in dieser Situation beschreiben?
- Wie erklären Sie sich Ihr/ sein Verhalten? Wie wäre es anders, vielleicht für Sie sinnvoller erklärbar?
- Wie bewerten Sie Ihr/ sein Verhalten zum jetzigen Zeitpunkt? Wie würden Sie es bewerten, wenn Sie auf Urlaub wären? Wie würde es jemand bewerten, der viel von der anderen Person hält?

4.2.5. Fragen zur Veränderung erfolgloser Handlungsmuster

- Wie schaffen Sie es, dieses Ergebnis (immer wieder) zu erreichen?
- Angenommen ich würde Weltmeister in Ihrem Handlungsmuster werden wollen: Was müsste ich beachten, damit ich dasselbe erreiche wie Sie?
- Wenn wir davon ausgehen, dass Sie auch Unerfolgreiches nie „ohne Zugewinn" tun: Was sind persönliche Vorteile aus diesem Vorgehen für Sie – was haben Sie davon?

4.2.6. Dissoziationsfragen

- Wie würde ein Unbeteiligter Ihre Situation schildern? Was würde er anders tun?

- Wie würden Sie die Situation aus meiner Perspektive schildern? Was glauben Sie, würde ich in Ihrer Situation, mit Ihren Ergebnisvorgaben tun? Was keinesfalls?
- Was würde Ihnen jemand raten zu tun/ keinesfalls zu tun, der mit der Situation gar nichts zu tun hat – den wir gerade mal von der Straße heraufholen?

4.2.7. Hypothetische Fragen

- Angenommen, Sie wären Teamleiter und ich Ihr Mitarbeiter: Was würden Sie mir raten zu tun?
- Angenommen, Zeit würde keine Rolle spielen: Was würden Sie dann tun?
- Angenommen, Sie hätten Interesse, diesen Auftrag weiter zu verfolgen: Was wäre dann der nächste logische Schritt?
- Angenommen, ich wäre nicht da: Wie würden Sie dann entscheiden?

4.2.8. Paradoxe Fragen

- Was können Sie tun, damit Sie beim nächsten Auftrag vor der gleichen Situation stehen?
- Was können Sie tun, um an der Aufgabe zu scheitern?
- Angenommen eine Fee käme und würde Ihnen drei Wünsche erfüllen, die Ihnen gerade jetzt besonders wichtig sind. Welche wären das? Und was könnten Sie dazu tun, damit der Effekt der Wunscherfüllung sofort wieder verpufft?

4.2.9. „Verrückte" Fragen

- Woran würde denn Ihre Stimme merken, dass das nächste Verkaufsgespräch optimal läuft?
- Angenommen, Ihr Schreibblock könnte sprechen: Welche wichtigen Ergebnisse aus dem Meeting würde er gerne auf sich notiert haben?

- Woran würde Ihr Auto morgen schon beim Anlassen merken, dass Sie in der Ergebniserzielung wesentlich weiter gekommen sind – was würde es erzählen, wenn es sprechen könnte?
- Was würden die Regale in der Filiale über Ansatzpunkte zur Umsatzsteigerung erzählen, wenn sie sprechen könnten?

5. Der Ablauf der Relationalen Mitarbeiterbegleitung und des Relationalen Coachings

Ich halte es für sehr wichtig, dass Sie im Laufe der Zeit Ihren eigenen Gesprächsstil sowie den für Sie und Ihre Situation passenden Ablauf Ihrer Mitarbeiterbegleitungs- und Coachinggespräche finden.
Daher sind die hier von mir beschriebenen Abläufe lediglich ein Anhaltspunkt, dem Sie zu Beginn folgen können, quasi als Ausgangspunkt, um darauf aufbauend „Ihr Eigenes" zu gestalten.

5.1. Der Ablauf der Relationalen Mitarbeiterbegleitung

Es macht aus meiner Sicht durchaus Sinn, für jedes komplette Begleitungsgespräch (alle vier Phasen) 1,5 Stunden anzusetzen. Ich weiß, dass Ihnen das zu Beginn relativ lange erscheint, aber wenn wir davon ausgehen, dass Sie bestimmt nicht mehr als 15 Direct Reports haben und Ihnen für die Führung (hoffentlich) ein Zeitbudget von 160 Stunden pro Monat zur Verfügung steht, dann sind mit den monatlichen Mitarbeiterbegleitungen nur 22 bis 25 Stunden „verbraucht" (oder entsprechend mehr, wenn Sie mit einzelnen Mitarbeitern engere Führung vereinbart haben).
Die restliche Zeit verbringen Sie mit Ihren unternehmerischen Aufgaben (siehe Radatz, 2013). So gesehen macht die Mitarbeiterbegleitung nur einen kleinen Teil der Führungsarbeit aus. Und sie steht aus meiner Sicht im Zentrum Ihrer Führungsverantwortung: Denn hier werden die Ergebnisse gesichert.

Die Dauer der Phasen im Gespräch (siehe folgende Abbildung) ist ein Anhaltspunkt; Sie werden im Laufe der Zeit die für Sie passende Erfahrung zur optimalen Gestaltung des Gesprächs machen, um den Ablauf nach Ihren Bedürfnissen zu gestalten.

Abb. 16: **Phasen der Mitarbeiterbegleitung**

Phase	Zeitdauer in Minuten
Erarbeitung/ Optimierung/ Prüfung des Optimalszenarios	ca. 20
Ergebnisabholung & Gestaltung/ Optimierung/ Veränderung des Optimalbilds/ Konzepts	ca. 30
Schaffung von funktionierenden Standards und Selbstläufern	ca. 20
Sicherung von zeitlichem Freiraum	ca. 20

5.1.1. Erarbeitung des Optimalszenarios

Bei der Gestaltung des Optimalszenarios gehen Sie zero based vor – indem Sie ein weißes Blatt Papier nehmen und den Mitarbeiter dabei unterstützen, „frisch von der Leber weg" das zu definieren, was und wie Ihr Mitarbeiter optimalerweise jeden Tag leben will – um seinen vorgegebenen und seinen persönlichen (privaten wie beruflichen) Rahmen voll auszufüllen.
Dabei geht es keinesfalls um den großen, einmaligen „Wurf", sondern vielmehr darum, genau das zu definieren, was dem Mitarbeiter (mit Ihrer Unterstützung) einfällt – bisher erfolgreiche Vorgangsweisen, zentrale Gedanken, Ansätze für oder ausgereifte Business-Konzepte.

Das Optimalszenario versteht sich dabei im Unterschied zum Optimalbild (Konzept) stets als das Bild der Person von ihrem optimalen Leben, das sie insgesamt – über alle Systeme, von denen sie „Teil" ist, ab sofort leben will – während das Optimalbild immer nur das Konzept zum Ausfüllen EINES bestimmten Rahmens in einem bestimmten System betrifft, z.B. der Familie, des Fußballvereins, des Freundessystems, des Unternehmens (siehe Abbildung 17).

Die Frage dazu ist also: „Wie wollen Sie insgesamt (aktuell) Ihr Unternehmen optimalerweise leben – welche Kriterien sollten dabei erfüllt sein?"

Abb. 17: **Optimalszenario vs. Optimalbild**

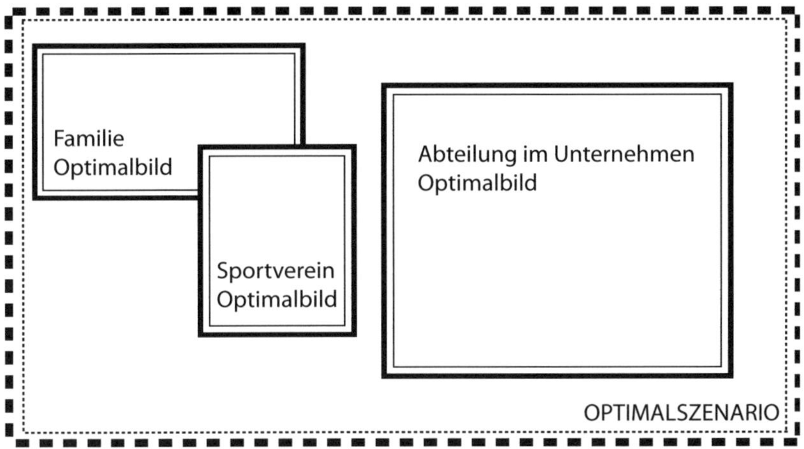

Idealerweise geben Sie Ihrem Mitarbeiter schon in Vorbereitung des ersten Begleitungsmeetings mit Ihnen den Auftrag, post-its auf sein Nachtkästchen, in sein Auto, auf seinen Schreibtisch zu legen und jene Merkmale seines persönlichen Optimalszenarios, die „einfach so" daher kommen, auf je ein post-it aufzuschreiben.

Es gibt dabei keine „großen" und keine „kleinen" Themen, sondern einfach nur Puzzleteile des Optimalszenarios des Mitarbeiters: maximal 45 Stunden Arbeit pro Woche, 3 Nachmittage Zeit mit den eigenen Kindern, mindestens 4 Abende pro Woche mit seiner Frau, Sicherung der Ergebnisse im Unternehmen, Vorreiter in der Branche sein, die Kunden täglich aufs Neue überraschen, 1 x pro Woche Tennis spielen, maximal 15 Stunden Meetings pro Woche... das Optimalszenario umfasst alle

Themen, die das Leben des Mitarbeiters betreffen, seien es nun Themen des Unternehmens oder die privaten und Familienthemen des Mitarbeiters.

Dabei geht es nicht darum, eine bestimmte Anzahl an post-its zu produzieren, sondern lediglich darum, alles aufzuschreiben, was dem Mitarbeiter jetzt, in diesem Moment, zu seinem Optimalszenario einfällt. Und wenn dem Mitarbeiter in der Vorbereitung bzw. auf Nachfrage von Ihnen keine Idee mehr kommt, dann ist er für heute fertig. Er lebt sein Optimalszenario sofort – nämlich immer genau den aktuellen Stand. Da gibt es kein „Ist das schon ausreichend?" oder „Ist das schon gut genug?". Und schon in 5 Minuten, nach wenigen Stunden, in ein paar Tagen, nach ein paar Wochen kann er sein Optimalszenario wieder weiter gestalten. Wann Ihr Mitarbeiter damit aufhört? Praktisch nie. Warum? Weil das Leben immer neue Gedanken produziert, in denen Ihrem Mitarbeiter auch immer wieder aufs Neue klar wird, was er „wirklich" will. Das bedeutet: Er kann immer weiter an seinem Optimalszenario feilen, manche Zettel entsorgen, wieder neue hinzunehmen… und immer hat er „für diesen Augenblick" das gültige Optimalszenario, und lebt in jedem Augenblick, von Beginn weg, sein Optimalszenario – nämlich genau das, was da ist.

Jeden Abend sollte er kritisch sein Optimalszenario betrachten und den vergangenen Tag prüfen: „Auf einer Skala von 0–10, wenn 0 = ‚Ich habe das Optimalszenario überhaupt nicht gelebt' und 10 = ‚Ich habe es voll und ganz gelebt'; wo stehe ich dann?". Weiters sollte er sich aber auch fragen: „Passt das, was hier auf meinem Optimalszenario steht, noch zu dem, was ich jeden Tag erlebe ", „Gehöre ich noch hierhin?", „Ist das noch ‚mein Arbeitsplatz'?"
Auf diese Weise beginnt der Mitarbeiter nicht nur, fokussiert entlang seines Optimalszenarios zu leben, sondern er prüft gleichzeitig auch laufend, ob das Optimalszenario so noch passt bzw. ob/ in welche Richtung es verändert werden sollte.

Und natürlich können auch Sie als Vorgesetzte nach dem beschriebenen Ablauf Ihr Optimalszenario erarbeiten und konsequent leben bzw. weiterentwickeln… und so mehr fokussierte Zufriedenheit in Ihr Leben bringen, indem Sie praktisch täglich prüfen, ob Sie noch „auf dem richtigen Weg“ sind…

Abb. 18: **Fragestellungen zur Erarbeitung des Optimalszenarios**

- Welche Regeln gelten in Ihrem Leben, denen Sie jedenfalls treu bleiben wollen?
- Wenn alles optimal läuft und Sie machen einen Schnappschuss von Ihrem Arbeitsleben hier und von Ihrem optimalen Tagesablauf – was ist alles auf diesem Schnappschuss zu sehen? Und was ist keinesfalls zu sehen, weil es nicht dazugehört?
- Wie sieht denn insgesamt innerhalb des von mir an Sie vermittelten Rahmens Ihr Optimalszenario aus – was sollten Sie jeden Tag leben bzw. „befolgen“, damit es Ihnen richtig gut geht?
- Woran würden andere Menschen – Ihre Familie, Ihre Freunde, Ihre Kollegen, (Ihre Kunden) – erkennen, dass Sie innerhalb des gegebenen Rahmens genau das leben, was Ihnen wichtig ist, Ihnen Spaß macht, Sie auch weiterbringt?
- Was müsste hier täglich passieren, damit Sie sehr rasch das Handtuch werfen?
- Was darf keinesfalls hier passieren?
- In welchen Situationen würden Sie sagen, Sie werden Ihren persönlichen Vorstellungen untreu?
- Was sollte ich denn als Ihre Vorgesetzte beachten, damit Sie nicht nur Ihren Rahmen voll ausfüllen, sondern diesen Rahmen auch mit vollem Elan und voller Freude – weil rundherum alles passt – ausfüllen?

Was Sie das angeht und wofür Sie das fragen? Ganz einfach: Wenn der „Deckel“ (Optimalszenario) des Mitarbeiters nicht mehr zum „Topf“ (Angebot) des Unternehmens passt, dann ist Feuer am Dach: Dann können Sie frühzeitig überlegen, ob Sie vielleicht ein anderes Angebot für den Mitarbeiter haben oder mit ihm ein Gespräch über seine zukünftige Ausrichtung außerhalb des Unternehmens führen. Wichtig: Sie sind immer informiert, Sie sind am Letztstand, was die Einschätzung der „Passung“ betrifft.

Ist dieser Kreislauf bei Ihrem Mitarbeiter erst einmal „in Bewegung gesetzt", dann geht es m. E. darum, in jedem der darauffolgenden monatlichen Begleitungsgespräche ca. 20 Minuten dafür zu verwenden,

- mit ihm gemeinsam herauszuarbeiten, inwieweit er sein Szenario lebt
- die bewusste Weiterentwicklung des Mitarbeiters hinsichtlich seines Szenarios zu forcieren
- und immer wieder zu prüfen, inwieweit sein Optimalszenario noch zum bestehenden Angebot des Unternehmensrahmens passt
- bzw. immer wieder zu prüfen, was von Seiten des Mitarbeiters/ des Unternehmens ggf. getan werden könnte, um eine (bessere) Passung zu herzustellen.

Beispielhafte Fragestellungen dazu habe ich in der folgenden Abbildung zusammengefasst.

Abb. 19: **Fragestellungen zum Follow-up des Optimalszenarios**

- Wie würden Sie Ihr aktuelles Leben Ihres Optimalszenarios auf einer Skala von 0–10 beurteilen – wenn 0 = Sie leben es ganz und gar nicht, und 10 = Sie leben es voll und ganz? Und was ist der Unterschied zwischen Ihrem aktuellen Wert und 10 – Was tun Sie bei 10, was Sie aktuell (noch) nicht tun?
- Woran würden Sie erkennen, dass Sie das Optimalszenario weiterhin jeden Tag leben – an Ihrem Verhalten, aber auch an meinem Verhalten – was brauchen Sie von mir dazu?
- Welche Weiterentwicklungen haben Sie denn in Ihrem Optimalszenario seit unserem letzten Meeting gesetzt? Welche Veränderungen gab es da?
- Was ist seit dem letzten Mal in Ihrem Optimalszenario in den Vordergrund, was eher in den Hintergrund gerückt? Wo gab es eklatante Verschiebungen?
- Inwieweit hat die Veränderung Ihres Optimalszenarios Auswirkungen auf die Konzepte, die Sie inhaltlich entwickelt haben, um Ihren Rahmen zu erfüllen? Braucht es da vielleicht Veränderungen, damit Sie nicht „sich selbst hinterherhinken"?
- Inwieweit passt Ihr Optimalszenario (noch) zu dem, was wir Ihnen hier im Unternehmen bieten können? Wo braucht es hier Weichenstellungen auf unserer Seite? Welche Weichenstellungen sollten Sie setzen, damit Sie in den nächsten Monaten weiterhin zufrieden sind?

Wichtig ist: Es geht nicht darum, sich als Führungskraft zu verbiegen und zu versuchen, „alles möglich zu machen". Denn Sie haben ja selbst einen Rahmen und können Ihren Mitarbeitern ganz sicher nicht jeden Wunsch von den Augen ablesen. Vielmehr geht es darum, wo auch immer möglich Passung zu erzeugen, ohne dass sich irgendjemand verbiegen muss. Und Sie würden sich wundern, wie häufig eine solche Passung möglich ist, wenn nur darüber gesprochen wird, was aktuell ansteht und was jeder Beteiligte braucht oder bräuchte, um insgesamt Erfolg erzeugen zu können.

5.1.2. Gestaltung, Veränderung und Optimierung des Konzepts

Wie geht der Mitarbeiter konkret an seine Verantwortung, an die Erfüllung seines Rahmens heran? Das könnte ihm selbst überlassen bleiben – und viele Führungskräfte „schmeissen den Mitarbeitern die Konzepterarbeitungsaufgabe hin", anstatt „bewusst und geprüft loszulassen"! – oder Sie beginnen, ihn dabei zu unterstützen und „lassen langsam los".
Sobald der Mitarbeiter nicht (mehr) einfach nur vor sich hinarbeitet und zusieht, was sich „im Laufe eines Tages" von „welchen Aufgaben auch immer", die „auf ihn zukommen" (und von denen er „gestaltet wird"), sondern bewusst beginnt, seine Verantwortung auszufüllen und sein „Unternehmen im Unternehmen" zu gestalten, wird er auch mit seinem Tagesablauf bewusst, geplant und sinnvoll umgehen und endlich aus dem Hamsterrad, nur jeden Tag das „Chaos" zu bewältigen, aussteigen.

Was er dabei tut?

- Er überlegt seine Herangehensweise.
- Er bewertet die von ihm definierten laufenden Schritte mit Zeiten und ordnet sie den Tagen im Kalender dazu („Jeden 10. des Monats reserviere ich mir einen Tag für die Gestaltung der Mehrwertsteuerberechnung", könnte z.B. ein Mitarbeiter in der Buchhaltung formulieren).

- Er prüft, ob er mit seiner Monats-Arbeitszeit auskommt, um alle „Schritte" unterzubringen.
- Und falls er nicht alle Schritte unterbringt, arbeitet er mit seiner Vorgesetzten an kreativen Prozessen und anderen Herangehensweisen, um dennoch alles „unterzubringen" (siehe auch 5.1.2.2. auf S. 95 ff.).

5.1.2.1. Konzeptarbeit

Die Erarbeitung des Konzepts erfolgt mit jedem Mitarbeiter auf seiner Ebene und spezifisch nur mit ihm; daher entsteht auf jeder Ebene und mit jedem Mitarbeiter im Unternehmen ein höchst individuelles Konzept mit Alternativkonzepten B, C und D (…), deren Erstellung auch durch unterschiedliche Fragen begleitet werden kann, wie die Abbildung auf der nächsten Seite zeigt.

Welche Fragestellungen Sie für die Erarbeitung des Konzepts wählen (die durchaus an Sie beide gerichtet sein können; sodass Sie „co-kreativ" gemeinsam an dem Konzept arbeiten), bleibt natürlich Ihnen überlassen. Ich habe Ihnen in der Abbildung 21, Seite 94, einige Fragen zusammengestellt, die ich selbst gerne in der Führungsbegleitung (Radatz, 2012) anwende.

Wichtig ist aus meiner Sicht, dass das Ergebnis immer eines ist, bei dem Sie selbst als Vorgesetzte ganz sicher ein gutes Bauchgefühl haben – damit meine ich, dass Sie es für sehr erfolgversprechend und adäquat halten, um das geforderte Ergebnis zu erzielen. Ist dies nicht der Fall, so sollten Sie jedenfalls Ihre Bedenken äußern und so lange an dem Konzept weiterarbeiten, bis Ihr Bauchgefühl Ihnen Zufriedenheit vermittelt.

Was meines Erachtens überhaupt nicht funktioniert, wäre, den Mitarbeiter mit seinem Konzept allein zu lassen nach dem Motto „Ich will mich nicht allzu viel einmischen", oder „Er wird schon sehen, wie weit er damit kommt", oder „Ich will nicht seine Motivation zerstören", oder „Ist mir doch egal – ist ja sein Konzept". Warum? Weil das Ergebnis des Mitarbeiters ein zentraler Beitrag zum Gesamtergebnis der Vorgesetzten ist – es kann Ihnen nicht egal sein, was Ihre Mitarbeiter tun!

Abb. 20: **Die Erarbeitung des Konzepts auf unterschiedlichen Unternehmensebenen**

Unternehmensebene	Beispielhafte Erarbeitungsfragen
Filialverkäufer	Wie schaffen Sie es, dass jeder Kunde regelmäßig wieder kommt – und immer wieder zu Ihnen kommt?
Vorarbeiter	Wie schaffen Sie es dann, dass Sie im Dreischicht-Betrieb die neuen Themen so gleichmäßig sichern, dass alle Fließbandarbeiter noch am gleichen Tag Bescheid wissen und Sie in der Schichtübergabe keine Zeit verlieren?
Außendienstmitarbeiter	Sie haben ja nun 160 Stunden netto im Monat Zeit, um Ihre 2.500 Kunden zu bedienen. Das bedeutet, im Prinzip haben Sie pro Kunde 4 Minuten Zeit pro Monat. Diese Rechnung geht also nicht auf. Wie könnten Sie geschickt darangehen, mit den 2.500 Kunden den vorgegebenen Umsatz pro Monat zu machen?
Vertriebsleiter	Wie erreichen Sie, dass Ihre 8 Gebietsleiter jeden Monat ihre Ergebnisse erbringen? Mit welchem Konzept gehen Sie da an Ihre Gebietsleiter heran – nicht an den Markt, denn das ist ja die Aufgabe der Gebietsleiter?

Eine Fragestellung, die ich in einer solchen Situation gerne stelle, lautet: **„Wenn ich mein Bauchgefühl/ meinen Kopf/ meine Intuition/ meine Erfahrung/ etc. dazu frage, dann bekomme ich an dieser Stelle noch kein grünes Licht für das Konzept. Mein Bauchgefühl/ ... sagt „..." (z.B. es müsse noch kreativer, noch ungewöhnlicher sein, sonst lockt es niemanden hinter dem Ofen hervor).**

Abb 21: **Fragestellungen zur Konzepterarbeitung**

Frage-muster	**Fragestellungen**
Relevante Bewertungs-systeme	■ Wer sollte aus Ihrer Sicht das Konzept richtig toll finden? ■ Wer ist Ihnen zusätzlich wichtig in der Beurteilung – für den/ die das Konzept ebenfalls passen soll?
Optimalbild-kriterien	■ Woran würden Sie erkennen, dass das Konzept das „optimale" ist? ■ Woran würden es Ihre Mitarbeiter erkennen? ■ Woran würden es Ihre Kunden erkennen? ■ Woran würde ich – was glauben Sie – erkennen, dass Sie ein optimales Konzept für sich erarbeitet haben? ■ Woran würde das „Unternehmenswohl", wenn es sprechen könnte, erkennen, dass Sie ein optimales Konzept erarbeitet haben/ anwenden?
Paradoxe Fragen	■ Was darf keinesfalls passieren? ■ Woran würden Sie erkennen, dass es mit Sicherheit kein passendes Konzept ist? ■ Was können Sie tun, damit es „danebengeht"? ■ Was wäre ein echter „Reinfall"?
Experten-einladung	■ Wer fällt Ihnen ein, der ein solches Konzept „mit links" erstellen und leben könnte? Und wie würde dieser Experte das Konzept gestalten? ■ Welche Experten müssten mit Ihrem Konzept zufrieden sein? ■ Wie müsste das Konzept aussehen, damit Ihre Kunden sagen, „dass ich das noch erleben darf"?
Bilder und Metaphern	■ Angenommen wir würden hier etwas Optimales gestalten: Wie sieht dann das Bild von diesem Optimalkonzept aus? Mit welchem Symbol wäre es vergleichbar? ■ Angenommen das Konzept, das wir gerade erarbeiten, wäre ein Schiff: Welche Art von Boot oder Schiff wäre es denn? Welche Eigenschaften hätte es dann? ■ Das Konzept sollte aufgrund unseres Rahmens ja ein 5-Sterne Konzept sein. Wie werden diese 5 Sterne in Ihrem Konzept sichtbar?
Zeitbezug/ Rückschau	■ Woran erkennen Sie auch nächsten Monat noch, dass Sie auf dem richtigen Weg sind? ■ Wie sollte denn Ihr Konzept gestaltet sein, sodass Sie auch rückblickend in ein oder zwei Jahren davon sagen, „Das ist/ war etwas ganz Wunderbares"? ■ Was wollen Sie nach Ihrer Pensionierung immer noch über dieses Konzept sagen?

Jede Rahmenveränderung erfordert natürlich eine Neugestaltung des Konzepts; jedes Nichtfunktionieren des Konzepts in der Praxis erfordert zumindest eine Verfeinerung/ Optimierung/ Veränderung des Konzepts. Hier ist die Führungskraft immer wieder gefordert, sofort im Anschluss an das Abfordern des Ergebnisses gemeinsam mit dem Mitarbeiter zu prüfen, ob das Konzept noch passt bzw. in welche Richtung es verändert werden sollte, um dem Ergebnis auch im nächsten Monat und dann laufend gerecht zu werden. Die Idee dahinter besteht darin, das Bewusstsein der Wachsamkeit für die ersten Anzeichen des Nichtfunktionierens zu entwickeln und dafür zu sorgen, dass der Mitarbeiter immer wieder schon Alternativideen entwickelt, bevor die Kurve des „Lebenszyklus" seines Konzepts wieder einmal „nach unten führt".

Abb. 22: **Fragestellungen zur Prüfung/ Optimierung des Konzepts**

- Wenn das Konzept sprechen könnte: Was würde es sagen, sollte verändert werden, damit es auch in ein paar Monaten noch verlässlich die geforderten Ergebnisse erzielt?
- Worauf in Ihrem aktuellen Konzept führen Sie es zurück, dass Sie damit die Ergebnisse nicht (mehr) erzielen? Wo liegt aus Ihrer Sicht der „Dreh", an dem geschraubt und verändert werden sollte?
- Was können wir heute am Konzept optimieren, damit es in den kommenden Monaten (immer noch) gute Dienste zur Ergebniserzielung leistet?
- Wo hat sich Ihr Konzept eine Optimierung verdient?
- Wenn Sie kreativ „Versuch und Irrtum" leben dürften: Wie würden Sie dann Ihr Konzept ab jetzt (neu) gestalten?

5.1.2.2. Arbeitseinteilung

Im Zusammenhang mit der Konzeptgestaltung steht in Folge die Gestaltung der Prozesse innerhalb des Zeitrahmens, der dem Mitarbeiter zur Verfügung steht. Und da meine Erfahrung ist, dass die meisten Mitarbeiter mit ihrer Arbeitszeit „herumwurschteln" und am Ende des Tages immer zu viel Arbeit bei zu wenig Zeit übrig haben, ist die Arbeitseinteilung entlang des Optimalkonzepts ein ganz besonders wichtiger Bereich der Mitarbeiterbegleitung.

Wir können uns die Arbeitszeit eines Mitarbeiters wie einen „Sack" vorstellen, in dem 20, 30 oder 40 Wochenstunden enthalten sind, die verbraucht werden können, um mit dem Konzept das Monatsergebnis zu erzielen. Aus seinem eigenen Konzept leitet der Mitarbeiter nun Arbeitspakete ab, die er in den vorhandenen Stunden unterbringen sollte. Und da er das Konzept ja nicht „halb" umsetzen und seine Ergebnisse auch nicht „teilweise" erzielen kann, braucht er entsprechende Prozesse, die geeignet sind, in der gegebenen Zeit auch die Teilergebnisse optimal zu erzielen.
Das heißt: Umgekehrt zu der Situation, die wir aus der klassischen Organisation kennen, versuchen wir nicht, die „gegebenen", „vorgeschriebenen" Prozesse in die bestehende Zeit zu zwängen, sondern entwickeln Prozesse, die geeignet sind, in die vorgegebene Zeit zu passen. Und auch wenn es auf den ersten Blick nicht so scheint: Die Bandbreite der Möglichkeiten ist riesig. So macht es nun mal einen Unterschied, ob zur Dokumentation jeden Tag eine tolle Powerpoint-Präsentation gestaltet wird, oder das Ergebnis in einer Zahl per SMS an die Vorgesetzte geschickt wird.... Und dieser Beispiele gibt es unzählige.
Und natürlich gilt auch hier: Ja, die Vorgesetzte darf auch eigene Erfahrungen einbringen. Ja, das Ergebnis sollte auch dem „Bauchgefühl" der Vorgesetzten Zufriedenheit verleihen. Ja, es sollte so lange daran gearbeitet werden, bis beide Gesprächsteilnehmer zufrieden sind.

Die Prozesse, welche in dieser Phase erarbeitet werden, sind alles Prozesse „innerhalb eines kleinen Unternehmens im Unternehmen", also Prozesse, die nur den Mitarbeiter selbst und die persönliche Organisation seiner Ergebniserzielung betreffen. Der Gestaltung der Prozesse an den Schnittstellen widmen wir uns später (siehe Kap. 5.1.3.2., S. 100).

Abb. 23: **Beispiele für Fragestellungen zur geeigneten Prozessdefinition**

- Wie können Sie nun in der Ihnen zur Verfügung stehenden Stunde sichern, dass der Kunde Ihnen garantiert EUR 200 an Umsatz im Laden lässt? Was muss da konkret in dieser Stunde passieren?
- Wie sieht Ihr Montagvormittag aus, wenn Sie binnen 3 Stunden erreichen wollen, dass alle Gebietsleiter komplett informiert sind? Wäre da auch eine Checkliste anstatt eines Meetings hilfreich – und welche Punkte müsste diese enthalten, an wen müssten Sie sie schicken und mit welcher Anforderung, wann und wo sollte sie in welcher Form wieder zu Ihnen zurückkommen, damit Sie gut weiterarbeiten können?
- Wie viel Zeit dürfen Sie denn maximal brauchen, um die Freitag-Meetings vorzubereiten? Und wie können Sie zeit- und nervensparend vorgehen, ohne dass Sie an Qualität verlieren?

5.1.3. Schaffung von funktionierenden Standards und Selbstläufern

Nur das reine „Funktionieren" ist aus meinem Relationalen Verständnis heraus nicht ausreichend: Denn jede Routine erzeugt „Erfahrung": Und bewusste Erfahrung – geschickt bewusst gemachte Erfahrung – führt zu Vereinfachung, leichterem und gezielterem Herangehen an ein Thema und letztlich zur Optimierung von Prozessen in qualitativer und zeitlicher Hinsicht.

Die Vorgesetzte übernimmt in der Mitarbeiterbegleitung bewusst die Verantwortung dafür, jede Erfahrung des Mitarbeiters aufzugreifen und daraus mit ihm Standards zu entwickeln, die immer so lange gelten, solange sie das gewünschte Ergebnis erbringen. Und Hand in Hand mit den Standards sollten auch die passenden Selbstläufer erzeugt werden, die Ordnung in den Arbeitsalltag des Mitarbeiters bringen und die Grundlage für die Schaffung von zeitlichem Freiraum bilden.

5.1.3.1. Die Schaffung von funktionierenden Standards

„Wir haben Tausende Standards. Sie werden bloß nie gelebt", stöhnte eine Kundin, Geschäftsführerin in einem Handelskonzern mir gegenüber vor Kurzem. „Ich glaube nicht, dass Sie Standards haben", entgegnete ich ihr, „sondern vielmehr Regeln."
Was ist aus meiner Sicht der gravierende Unterschied zwischen „Standards" (die allzu selten in Unternehmen vorkommen!) und „Regeln" (die es im Unternehmen zu Tausenden gibt, angestaubt, vernachlässigt, gehasst, gemieden, aber mit viel Aufwand immer wieder aufs Neue erzeugt – nicht nur für ISO und QM)?

Um es auf den Punkt zu bringen:

- **„Regeln"** entstehen durch Vorschreibung: Jemand denkt sich aus, wie der andere oder alle in Zukunft vorzugehen haben, um ein Ergebnis zu erzielen – ohne noch zu wissen, ob das „Vorgeschriebene" auch funktioniert. Und: Richtig – meist funktioniert genau das natürlich nicht, schließlich schrammt das Vorgeschriebene, die Regel, ja meist recht hart an unseren persönlichen, recht individuellen Erfahrungen vorbei. Und daher sind Regeln nicht nur ungeliebt, sondern funktionieren leider auch nicht.
- **„Standards"** entstehen hingegen aus Erfahrungen. Sie spiegeln einfach das wider, was in der Erfahrung des Einzelnen funktioniert und dieser daher getrost wiederholt, auch multipliziert – und gelten so lange bzw. werden so lange wiederholt, solange sie ein geeignetes Mittel zum Zweck, also zur Ergebniserzielung, darstellen.

Die Verantwortung der Führungskraft besteht nun darin, jede Erfahrung des Mitarbeiters aufzugreifen und zu versuchen, etwas Wiederholbares bzw. etwas Duplizierbares/ Multiplizierbares, also einen Standard daraus zu machen:

- Wiederholbar: „Können Sie Ihr Vorgehen bei diesem einen Kunden auch beim nächsten anwenden? Was wäre da wichtig, auf den nächsten Kunden zu transferieren?“
- Duplizierbar/ multiplizierbar: „Was können Sie aus dieser Situation für eine ganz andere lernen? Was können Sie im Controlling aus den Erfahrungen und Standards Ihrer Vertriebskollegin lernen?“

In dieser Phase des Gesprächs wird die Vorgesetzte zum staunend-fragenden Kind: „Und wie haben Sie das hingekriegt, dass Sie aus diesem Schlamassel wieder herausgekommen sind – was waren die zentralen Elemente, die Sie für eine nächste, ähnliche Situation wieder gut brauchen können und wir daher hier nun festhalten sollten – als ‚Schlamassel-Checkliste‘?“, „Wie haben Sie es geschafft, dass das Event so glänzend funktioniert hat – welche Abläufe haben Sie da verfolgt, können wir diese mal hier als ‚Erfolgsablauf‘ aufschreiben?“, „Was steht denn morgen wieder ins Haus, das Sie schon jetzt planen und gestalten können, um nicht davon überrascht zu werden?“, „Wie sieht denn nun der Jahresablauf im Marketing abgeleitet aus Ihrer bisherigen Erfahrung aus – wann ist was fällig, und wann müssten Sie starten, um jeweils rechtzeitig dran zu sein?“ etc.

Was immer in dieser Phase entsteht –

- Meilensteine des Erfolgs
- Checklisten
- Abläufe
- Erfolgsbarometer
- Erfolgsgesprächsmuster
- Erkenntnisse
- Folgerungen
- „Erfolgszutaten“ –

gießen Sie es gemeinsam mit Ihrem Mitarbeiter in Niedergeschriebenes, in Filme, in eine Powerpoint-Präsentation…

Warum?

1. Weil dann zum nächsten wichtigen Zeitpunkt der Standard (immer noch) verfügbar ist.
2. Weil mit der „wachsenden Mappe von Standards" des Mitarbeiters auch dessen Erfahrung und dessen Weiterentwicklung bewusst und geplant voranschreitet.
3. Weil alles Geschriebene stets transferierbar ist – und so ein hervorragender Beitrag zur Innovation und zur lernenden Organisation erzielt wird; auf allen Ebenen, laufend.

5.1.3.2. Die Schaffung von Selbstläufern

Damit trotz funktionierender Standards nicht jeden Tag dennoch „das Chaos" bewältigt werden muss, und Ihr Mitarbeiter nicht jeden Tag wieder von „der Zahl der Kunden" bzw. alle Jahre wieder „vom Weihnachtsgeschäft", von der „Jahresbilanz", vom „Sommerloch", von „neuen Aufträgen" überrascht wird, macht es Sinn, alles Tun in Selbstläufer zu gießen.

Dabei schauen wir nun nicht mehr auf das „kleine Unternehmen im Unternehmen", das nun optimal gestaltet sein sollte, sondern vielmehr auf die Schnittstellen zwischen dem „Unternehmen des Mitarbeiters" und den beiden „Außenstellen", an denen dieses „Unternehmen" jeweils andockt (siehe Abb. 24, nächste Seite).

Daher spreche ich nicht von einer Gestaltung eines Gesamtprozesses „quer durch das Unternehmen", sondern es reicht tatsächlich aus, mit dem Mitarbeiter gemeinsam die Regelung an den beiden Schnittstellen so zu gestalten, dass der betreffende Mitarbeiter möglichst wenig „im Kopf behalten" muss, sondern idealerweise an alles „erinnert" wird – vom „Verkäufer" (eine Seite der Schnittstelle) und vom „Einkäufer" (andere Seite der Schnittstelle).

Wenn wir nun mit dem betreffenden Mitarbeiter an Selbstläufern arbeiten, dann geht es darum, zu erreichen, dass sowohl die Leistung beim betreffenden Mitarbeiter „automatisch" abgerufen wird, als auch der Mitarbeiter die Leistung „automatisch" bei der einkaufenden Stelle abruft.

Abb. 24: **Gestaltung der beiden „Schnittstellen" anstatt eines „Prozesses"**

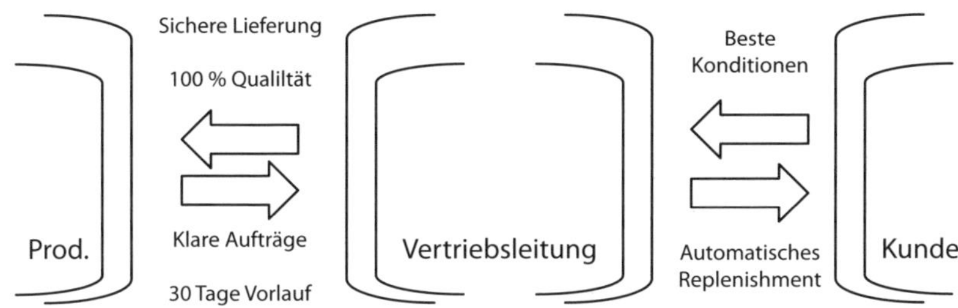

Dazu ein Beispiel:
In der Personalentwicklung für die obersten Führungskräfte eines großen Konzerns ging es darum, stets in der „Akademie für die Vorstände" die Top Themen der Weiterentwicklung auf dieser Ebene vorbereitet und aufbereitet zu Events zur Verfügung zu haben – vermittelt aus erster Hand.

Nun kann die Verantwortliche sich mühsam daran machen, regelmäßig in alle Buchhandlungen zu gehen und alle Bücher versuchen durchzugehen, bei den vielversprechenden Themen mit den Autoren Kontakt aufzunehmen, mit diesen jeweils die Konditionen zu verhandeln und dann eine innovative Veranstaltung dazu zu gestalten.

Wir erarbeiteten einen Selbstläufer, der zum äußerst schmalen Zeitbudget dieser Personalentwicklerin passte, die zum Zeitpunkt „nebenbei" noch 3 Mitarbeiter aufzubauen hatte: Sie schrieb alle interessanten Verlage an, die ihr regelmäßig jene neuen Bücher in einer von ihr vorgefertigten Checklist schicken sollten, welche wiederum vom Thema her für die obersten Führungskräfte interessant sein konnten. In die Checkliste durften nur jene Bücher kommen, deren Autoren bereit waren, zum gegebenen Honorar auch eine Veranstaltung zum Buch zu machen, samt Übersicht mit der Abfrage aller benötigten Daten und einer innovativen Aufbereitungsidee der Veranstaltung. Auf diese Weise wurde die Führungskraft regelmäßig „automatisch" daran erinnert, nun auszuwählen, brauchte nur noch einen Termin und das „GO" zu vereinbaren und konnte zeitgerecht laufend ihren Ergebniserwartungen gerecht werden.

Welche Verantwortung hat nun die Vorgesetzte in dieser Phase? Nun, es gilt zu ermitteln, wer ein hehres Interesse daran haben könnte, dem betreffenden Mitarbeiter die Ergebnisse zuzuspielen – in der gewünschten Form –, welche dieser dann möglichst „einfach" übernehmen und weiter bearbeiten sowie „zum gewünschten Zeitpunkt, in der gewünschten Qualität" wieder verkaufen kann.
Beispielhafte Fragestellungen dazu habe ich in der folgenden Abbildung zusammengefasst.

Abb. 25: **Beispielhafte Fragestellungen zur Gestaltung von Selbstläufern**

- Wer könnte hohes Interesse daran haben, Ihnen in der von Ihnen gewünschten Form „zuzuarbeiten"? Welche Informationen, Vorgaben, Rahmen, Checklisten, Abläufe braucht diese Person oder Organisation, um erfolgreich für Sie tätig zu werden?
- Wie können Sie mit der „einkaufenden" Schnittstelle eine Übergabe vereinbaren, die für Sie möglichst „vorhersehbar" ist?
- Was können Sie noch tun, um möglichst geplant zu arbeiten?
- Welche „ungeplanten" Chaosherde orten Sie noch?

5.1.4. Die Schaffung von zeitlichem Freiraum

Aus meiner Sicht sollte die Schaffung von Selbstläufern tatsächlich echte Zeitersparnis bringen: Selbstläufer, die nicht ein Mehr an zeitlichem Freiraum schaffen, sind meines Erachtens keine sinnvollen Selbstläufer.

Ich schreibe das hier, weil ich vor allem in den letzten Jahren immer häufiger erlebe, dass wir in technikverliebten Unternehmen häufig dazu neigen, Riesensysteme aufzustellen, um Mini-Prozesse abzubilden. Ein bisschen Hausverstand täte da manchmal gut, immer entlang der Frage: **Schafft das noch den gewünschten zeitlichen Freiraum – und zwar nicht „irgendwann", sondern ziemlich sofort?**

Daher darf aus meiner Sicht der Mitarbeiter seine Erkenntnisse/ Optimierungen/ Ergebnisse auch auf einem einfachen Blatt Papier erbringen oder sogar erzählen, wenn ein schriftlicher Nachweis niemandem einen Mehrwert bringt; Prozesse können auch händisch aufgezeichnet sein, wenn alle Beteiligten an den Schnittstellen die händische Skizze kennen und etwas damit anfangen können; Checklisten können handschriftlich sein und kopiert werden, und Selbstläufer sollten lediglich dazu geeignet sein, wiederholt, verbreitet und vervielfältigt zu werden – egal wie...

Warum? Weil wir aus dem Relationalen Denken heraus ja genau nicht für die Ewigkeit produzieren, keine „Orga-Handbücher" gestalten – und schon gar nicht als Entwürfe mit Regelungen im Vorhinein (Gott bewahre!) –, sondern nur Erfahrungen aufschreiben und wiederholen, ausweiten, vertiefen; immer solange es funktioniert. Und wenn es nicht mehr funktioniert? Wird es entrümpelt und etwas anderes getan, das ab sofort zum Ergebnis führt.

Abb. 26: **Fragestellungen zur Schaffung von zeitlichem Freiraum**

- Wie können Sie diese Prozesse, Standards und Selbstläufer nun so gestalten, dass Sie echt Zeit einsparen?
- Was bedeutet nun in diesem Konzept „Konzentration auf das Wesentliche"? Wie können Sie erreichen, dass Sie tatsächlich jeden Tag pünktlich nach Hause gehen und dennoch Ihre Ergebnisse lustvoll, einfach und sicher erreichen?
- Wo gibt es in Ihren Standards und Selbstläufern nun Ansatzpunkte, wo Sie echt Zeit ersparen könnten?
- Wie kann ich Sie in meiner Zusammenarbeit mit Ihnen dabei unterstützen, dass Sie nicht unnötig Zeit verbrauchen?

Mit all diesen Fragestellungen – das sollten Sie Ihrem Mitarbeiter verdeutlichen – geht es keinesfalls darum, ihn „wegzurationalisieren“, sondern vielmehr darum,

1. dass er Zeit für das Wesentliche gewinnt – und um über die Zukunft nachzudenken
2. und dass er Zeit gewinnt, um auf einer nächsten Ebene an einem neuen Challenge zu arbeiten – einen neuen Rahmen zu erfüllen, der über den bisherigen hinausgeht (was nicht ein „Mehr“ bedeuten muss, sondern vielmehr ein „Anders“).

Abb. 27: **Zusammenfassung der Beispiele für Fragestellungen im Ablauf der Mitarbeiterbegleitung**

Phase	Beispiele für Fragestellungen
Phase 1	
Erarbeitung/ Optimierung/ Prüfung des Optimalszenarios	**Fragestellungen zur Erarbeitung des Optimalszenarios** ■ Welche Regeln gelten in Ihrem Leben, denen Sie jedenfalls treu bleiben wollen? ■ Wenn alles optimal läuft und Sie machen einen Schnappschuss von Ihrem Arbeitsleben hier und von Ihrem optimalen Tagesablauf – was ist alles auf diesem Schnappschuss zu sehen? Und was ist keinesfalls zu sehen, weil es nicht dazugehört? ■ Wie sieht denn insgesamt innerhalb des von mir an Sie vermittelten Rahmens Ihr Optimalszenario aus – was sollten Sie jeden Tag leben bzw. „befolgen“, damit es Ihnen richtig gut geht? ■ Woran würden andere Menschen – Ihre Familie, Ihre Freunde, Ihre Kollegen, (Ihre Kunden) – erkennen, dass Sie innerhalb des gegebenen Rahmens genau das leben, was Ihnen wichtig ist, Ihnen Spaß macht, Sie auch weiterbringt? ■ Was müsste hier täglich passieren, damit Sie sehr rasch das Handtuch werfen? ■ Was darf keinesfalls hier passieren? ■ In welchen Situationen würden Sie sagen, Sie werden Ihren persönlichen Vorstellungen untreu? ■ Was sollte ich denn als Ihre Vorgesetzte beachten, damit Sie nicht nur Ihren Rahmen voll ausfüllen, sondern diesen Rahmen auch mit vollem Elan und voller Freude – weil rundherum alles passt – ausfüllen?

	Fragestellungen zum Follow-up des Optimalszenarios ■ Wie würden Sie denn Ihr aktuelles Leben Ihres Optimalszenarios auf einer Skala von 0 – 10 beurteilen – wenn 0 = Sie leben es ganz und gar nicht, und 10 = Sie leben es voll und ganz? Und was ist der Unterschied zwischen Ihrem aktuellen Wert und 10 – Was tun Sie bei 10, was Sie aktuell (noch) nicht tun? ■ Woran würden Sie denn erkennen, dass Sie das Optimalszenario weiterhin jeden Tag leben – an Ihrem Verhalten, aber auch an meinem Verhalten – was brauchen Sie von mir dazu? ■ Welche Weiterentwicklungen haben Sie denn in Ihrem Optimalszenario seit unserem letzten Meeting gesetzt? Welche Veränderungen gab es da? ■ Was ist seit dem letzten Mal in Ihrem Optimalszenario in den Vordergrund, was eher in den Hintergrund gerückt? Wo gab es eklatante Verschiebungen? ■ Inwieweit hat die Veränderung Ihres Optimalszenarios Auswirkungen auf die Konzepte, die Sie inhaltlich entwickelt haben, um Ihren Rahmen zu erfüllen? Braucht es da vielleicht Veränderungen, damit Sie nicht „sich selbst hinterherhinken"? ■ Inwieweit passt Ihr Optimalszenario (noch) zu dem, was wir Ihnen hier im Unternehmen bieten können? Wo braucht es hier Weichenstellungen auf unserer Seite? Welche Weichenstellungen sollten Sie setzen, damit Sie in den nächsten Monaten weiterhin zufrieden sind?
Phase 2	
Gestaltung/ Optimierung/ Veränderung des Konzepts	■ Wer ist Ihnen zusätzlich wichtig in der Beurteilung – für den/ die das Konzept ebenfalls passen soll? ■ Woran würden Sie erkennen, dass das Konzept das „optimale" ist? ■ Woran würden es Ihre Mitarbeiter erkennen? ■ Woran würden es Ihre Kunden erkennen? ■ Woran würde ich – glauben Sie – erkennen, dass Sie ein optimales Konzept für sich erarbeitet haben? ■ Woran das „Unternehmenswohl", wenn es sprechen könnte? ■ Was darf keinesfalls passieren? ■ Woran würden Sie erkennen, dass es mit Sicherheit kein passendes Konzept ist? ■ Was können Sie tun, damit es „danebengeht"? ■ Was wäre ein echter „Reinfall"? ■ Wer fällt Ihnen ein, der ein solches Konzept „mit links" erstellen und leben könnte? Und wie würde dieser Experte das Konzept gestalten? ■ Welche Experten müssten mit Ihrem Konzept zufrieden sein?

	■ Wie müsste das Konzept aussehen, damit Ihre Kunden sagen, „dass ich das noch erleben darf"? ■ Angenommen wir würden hier etwas Optimales gestalten: Wie sieht dann das Bild von diesem Optimalkonzept aus? Mit welchem Symbol wäre es vergleichbar? ■ Angenommen das Konzept, das wir gerade erarbeiten, wäre ein Schiff: Welche Art von Boot oder Schiff wäre es denn? Welche Eigenschaften hätte es dann? ■ Das Konzept sollte aufgrund unseres Rahmens ja ein 5-Sterne Konzept sein. Wie werden diese 5 Sterne in Ihrem Konzept sichtbar? ■ Woran erkennen Sie auch nächsten Monat noch, dass Sie auf dem richtigen Weg sind? ■ Wie sollte denn Ihr Konzept gestaltet sein, sodass Sie auch rückblickend in ein oder zwei Jahren davon sagen, „Das ist/ war etwas ganz Wunderbares"? ■ Was wollen Sie nach Ihrer Pensionierung immer noch über dieses Konzept sagen?
Phase 3	
Schaffung von funktionierenden Standards und Selbstläufern	**Erarbeitung von Standards** ■ ... und wie haben Sie das hingekriegt? **Gestaltung von Selbstläufern** ■ Wer könnte hohes Interesse daran haben, Ihnen in der von Ihnen gewünschten Form „zuzuarbeiten"? Welche Informationen, Vorgaben, Rahmen, Checklisten, Abläufe braucht diese Person oder Organisation, um erfolgreich für Sie tätig zu werden? ■ Wie können Sie mit der „einkaufenden" Schnittstelle eine Übergabe vereinbaren, die für Sie möglichst „vorhersehbar" ist? ■ Was können Sie noch tun, um möglichst geplant zu arbeiten? ■ Welche „ungeplanten" Chaosherde orten Sie noch?
Phase 4	
Sicherung von zeitlichem Freiraum	■ Wie können Sie diese Prozesse, Standards und Selbstläufer nun so gestalten, dass Sie echt Zeit einsparen? ■ Was bedeutet nun in diesem Konzept „Konzentration auf das Wesentliche"? Wie können Sie erreichen, dass Sie tatsächlich jeden Tag pünktlich nach Hause gehen und dennoch Ihre Ergebnisse lustvoll, einfach und sicher erreichen? ■ Wo gibt es in Ihren Standards und Selbstläufern nun Ansatzpunkte, wo Sie echt Zeit ersparen könnten? ■ Wie kann ich Sie in meiner Zusammenarbeit mit Ihnen dabei unterstützen, dass Sie nicht unnötig Zeit verbrauchen?

5.2. Der Ablauf des Relationalen Coachings

Das Relationale Coaching dauert bei mir, wenn ich als „Externe“ coache, etwa 1,5 Stunden. In dieser Zeit wird ein anstehendes Thema komplett bearbeitet – und wenn Coachees ein Folgecoaching wünschen, dann geht es meist um ein neues oder aus der Lösung abgeleitetes Thema. Wenn Vorgesetzte jedoch Coachings anbieten, dauern diese meist viel kürzer – etwa 30 Minuten –, weil Vorgesetzte erfahrungsgemäß auf Grund der Vertrautheit und der Kenntnis der Eigenheiten im System viel schneller auf den Punkt kommen als ein externer Coach.

Abb 28: **Die Phasen des Relationalen Mitarbeitercoachings im Überblick**

Phase	Zeitdauer in Minuten
Start und Themenklärung	ca. 3
Erarbeitung des Optimalbilds in diesem Thema	ca. 3
Auftragsklärung	ca. 2
Definition von Erkennungsmerkmalen/ Kriterien des Optimalbilds	ca. 10
Standortbestimmung & Unterschiedsbildung	ca. 10
Planung des „Lebens des Optimalbilds“	ca. 2

5.2.1. Start und Themenklärung

Die Fragen „Worum geht's?“ oder „Was steht an?“ sind meiner Erfahrung nach gute Startfragen, um ein Coaching in Gang zu bringen – wenn nicht ohnehin der Mitarbeiter schon von sich aus „mit der Tür ins Haus fällt“. Achten Sie darauf, dass die Phase der Themenschilderung nicht ausufert; hier gilt: 3 Minuten reichen vollends. Dann spätestens sollten Sie behutsam unterbrechen, zusammenfassen und zur Gestaltung des Optimalbilds (nächste Phase) übergehen, um nicht gemeinsam mit dem Mitarbeiter im „Problemsee“ zu schwimmen.

5.2.2. Erarbeitung des Optimalbilds in diesem Thema

Im Relationalen Coaching geht es darum, das zu gestalten, was der Coachee „eigentlich" und „in Wirklichkeit" und „optimalerweise" will. **„Wie würden Sie diese Thematik gerne optimalerweise gestalten?"** ist die zentrale Frage, um die es in dieser zweiten Phase des Relationalen Coachings geht. Dabei dürfen Sie Ihrem Mitarbeiter freien Lauf lassen – schließlich haben Sie ja nichts beizutragen: Woher sollten Sie auch wissen, was Ihr Mitarbeiter „wirklich" will, was er braucht, was für ihn sinnvoll ist?
Im Unterschied zum Optimalszenario in der Mitarbeiterbegleitung, in dem es um die Herstellung des persönlichen Wohlbefindens innerhalb eines Gesamtrahmens geht, stellt das Optimalbild einen kleinen thematischen Ausschnitt aus dem Leben dar: Es geht um die Herstellung des Optimalzustands in diesem bestimmten Thema (siehe auch Abb. 6, S. 42 – Optimalszenario vs. Optimalbild).

Wichtig erscheint mir in diesem Zusammenhang, dass Sie danach fragen, welches Optimalbild der Mitarbeiter in dieser Thematik HERSTELLEN will – und nicht danach, „wie sein Optimalbild aussieht" oder „wie er das Optimalbild gerne hätte". Worin besteht der Unterschied? Nun, was der Mitarbeiter selbst herstellen kann, liegt in seinem Einflussbereich; was er „gerne hätte", liegt im Bereich des „Wünsch dir was". Und Letzteres können Sie im Gespräch kaum weiter bearbeiten – denn Sie haben nicht die geeigneten Rahmenbedingungen dafür und können diese Rahmenbedingungen auch nicht herstellen.

Sobald Sie nun die zuvor fett gedruckte Frage gestellt haben, können Sie Ihren Mund schließen und abwarten, was kommt. Mein lieber Kollege Gunther Schmidt nennt diese Zeit auch gerne die „heilige Zeit des Kunden" – jene Zeit, in der er ungestört nachdenken darf. Und tatsächlich: Es dauert oft ganz schön lange, bis der Mitarbeiter „in Fahrt kommt". Nicht selten erzählen mir Führungskräfte, dass sie 10 oder gar 15 Minuten auf eine Antwort gewartet haben, bzw. nach der ersten Antwort

immer wieder geduldig nachgefragt haben, „Was noch?" – bis der Mitarbeiter mit sich zufrieden war und meinte, „Das ist nun alles".
Übrigens: All diese Antworten lassen sich mitnotieren, und können als Abschluss dieser Phase nochmals wiederholt werden. Das gibt dem Coachee meiner Erfahrung nach nochmals einen guten Gesamtüberblick über das Gesagte.

5.2.3. Ein klarer Auftrag – die Voraussetzung für das Coaching

Viele Coaching-Gespräche verlieren sich im Endlosen, weil zwar das Optimalbild genau geklärt wird, aber der Coachee niemals gefragt wird, was er sich von der Vorgesetzten im Gespräch erwartet.
Die Frage

- „Und was erwarten Sie sich von diesem Gespräch?" oder
- „Und zu welchem Ergebnis sollten wir diesbezüglich heute kommen?" oder
- „Und was können wir beide hier besprechen, damit Sie letztlich dieses Optimalbild sehr gut leben können?"

führt dazu, dass der Mitarbeiter der Vorgesetzten einen konkreten „Auftrag" gibt – oder auch nicht.

Wobei: Jeder Auftrag gilt erst dann als zustandegekommen, wenn er auch angenommen wurde – und es wird ganz bestimmt „Aufträge" geben, die Sie als Vorgesetzte auch einmal nicht annehmen: weil Sie sich befangen fühlen; weil Sie sich nicht als die passende Person sehen, um das zu besprechen; weil Sie nicht wissen, wie Sie an dieses Gespräch herangehen sollen (es sich nicht zutrauen); oder weil das Gespräch auch mal Ihr zeitliches Budget übersteigt (in letzterem Fall können Sie gut mit dem Hot Shot – Coaching arbeiten, siehe S. 152).

Nicht selten befinden sich unter den Aufträgen der Mitarbeiter sogenannte „unmoralische Angebote", wie „Ich möchte, dass Sie mit dem

Teamleiter des anderen Teams ein klärendes Gespräch führen" oder „Sagen Sie doch meinem Kollegen mal, dass er mich nicht so behandeln kann". Aufträge dieser Art können jedes Coaching ins Gegenteil verkehren: Plötzlich wäre die Vorgesetzte am Zug und würde für den Mitarbeiter handeln, denken und lenken.
Hier ist es meiner Erfahrung nach wichtig, als Vorgesetzte klar zu sagen, welche Aufträge man bereit ist in welcher Form anzunehmen; aber das idealerweise auf eine „diplomatische" Art und Weise (siehe folgende Abbildung).

Abb. 29: **Beispiele für den diplomatischen Umgang mit „unmoralischen Angeboten"**

- „Sicherlich könnte ich das Gespräch mit dem Teamleiter des anderen Teams führen. Aber das würde mit Sicherheit Ihre Position untergraben. Ich finde es in diesem Fall sinnvoller, wenn wir erarbeiten, wie Sie ihn selbst mit guten Argumenten überzeugen können. Was halten Sie davon?"
- „Angenommen, ich würde das Gespräch mit dem Teamleiter des anderen Teams führen und es wäre erfolgreich. Lassen Sie uns für diesen Fall einmal die langfristigen Auswirkungen besprechen: Was würden Sie dann beim nächsten Mal in einer ähnlichen Situation tun? Und welche Auswirkungen hätte das auf Ihre Position gegenüber dem Teamleiter? Und denken wir auch mal kurz an den Teamleiter: Was würde er längerfristig von Ihnen halten, wenn Sie mir die Aufgabe überließen? Wie würde er sich im Projektalltag Ihnen gegenüber verhalten?"
- „Angenommen, ich würde das Gespräch mit dem Teamleiter des anderen Teams führen und es wäre nicht erfolgreich – ganz einfach, weil mir die passenden Argumente fehlen und ich mich ihm gegenüber ein wenig unsicher fühlen würde, was das Sachliche betrifft. Außerdem könnte er mir alles Mögliche über Sie erzählen, dem ich nicht viel entgegenhalten könnte. Was würden Sie mir dann – zu Recht – vorhalten? Und welche Auswirkungen hätte das für uns beide?"
- „Angenommen, nicht ich alleine, sondern wir beide würden mit dem Teamleiter reden: Was müsste ich, was müssten Sie sagen, damit er seine Meinung ändern kann, ohne sein Gesicht zu verlieren? Wie müsste jeder von uns das sagen? Und wie könnten Sie erfolgreich meinen Part übernehmen, wenn ich verhindert wäre? Was würde es Ihnen bringen, wenn Sie es erfolgreich alleine angehen würden?"

5.2.4. Design von Erkennungsmerkmalen/ Kriterien des Optimalbilds

Meine Erfahrung ist: Je genauer wir aus Sicht des Mitarbeiters die Erkennungsmerkmale des Optimalbilds herausarbeiten, desto besser kann er sein Optimalbild ab sofort leben.

Warum? Das Optimalbild wir durch Erkennungsmerkmale plastisch, bekommt einen Praxisbezug, weil es mit dem „Hier und Jetzt" des Mitarbeiterlebens verbunden wird und erhält auf diese Weise klare Anker, die dafür sorgen, dass das „Optimalbild-Schiff" nicht einfach „ungelebt" davonfährt.

Abb. 30: **Fragevarianten zu den Erkennungsmerkmalen des Optimalbilds**

- Wie verhalten Sie sich, wenn Sie das Optimalbild in dieser Thematik voll und ganz leben?
- An welchem Verhalten von XX (Beteiligter) würden Sie erkennen, dass Ihr Optimalbild bereits allerorts gelebt wird?
- Was sind für Sie zentrale Erkennungsmerkmale des Optimalbilds?
- Welche Kriterien müsste das Optimalbild aufweisen, damit Sie sagen: „Genau diese!"?
- Was darf das Optimalbild keinesfalls an „Puzzleteilen" beinhalten?
- Welche Eigenschaften, welches Drehbuch, welchen Titel hätte der Film, den Sie über Ihr Optimalbild drehen würden?
- Welche Anweisungen stehen in der Gebrauchsanleitung für Ihr Optimalbild? Und welche „Kontraindikationen"?

Die zentralen Fragen in dieser Phase sind:

- Woran werden Sie erkennen, dass Sie Ihr Optimalbild regelmäßig und umfassend leben?
- Und ergänzend: Woran werden andere in Ihrer Umgebung – Ihre Familie, Ihre Kollegen, Sie als Vorgesetzte, das Unternehmen (wenn es sprechen könnte), die internen und/ oder externen Kunden und

wer Ihnen sonst noch so einfällt – merken, dass Sie Ihr Optimalbild leben? Was tun Sie da (anders)?

Und hier gilt: Nicht locker lassen! Fragen Sie so lange nach, „Woran noch?“, bis wirklich alle Kriterien des Optimalbilds auf dem Tisch liegen.

5.2.5. Standortbestimmung und Unterschiedsbildung

Wann liegen genügend Erkennungsmerkmale auf dem Tisch, damit Ihr Mitarbeiter sagen kann, „Nun ist mir ganz klar, was zu tun ist?“ Nun, Steve de Shazer meinte in seinen Gesprächen mit mir immer, dass Sie – wenn Sie bereits länger coachen – den passenden Zeitpunkt spüren: jenen, an dem Sie den Sack „zumachen“ können.
Und wenn Sie noch nicht (so) geübt sind? Dann probieren Sie es aus. Es gibt ja keinen „richtigen“ Zeitpunkt – nur vielleicht jenen, an dem Ihr Mitarbeiter zu Ihnen sagt, „Das ist jetzt alles“, oder an dem Sie merken, dass die Antworten spärlicher kommen oder versiegen – trotzdem Sie geduldig mit „Was noch?“ nachfragen.

Dann ist es Zeit, um die „Skala“ einzuführen.
Die Skalenarbeit ist ein Vermächtnis Steve de Shazers. Sie kann nicht nur zu diesem Zeitpunkt, sondern in jedem Coaching-Gespräch, ja überhaupt in jedem Gespräch zu ganz unterschiedlichen Zeitpunkten angewendet werden, um zu klären,

- ob die Richtung des Coaching-Gesprächs noch stimmt
- und was nächste hilfreiche Fragen im Gespräch sein könnten.

Sie kann aber auch verwendet werden, um in dieser Phase zu prüfen, wo der Coachee aktuell steht in Bezug auf die Plastizität seines Optimalbilds: Ist es schon plastisch genug für den Coachee? So plastisch, dass er das Bild ab sofort leben kann?

Die erste Skalenfrage lautet:
Auf einer Skala von 0 bis 10 – wenn 0 der Zeitpunkt ist, an dem Sie beschlossen haben, dass Sie mit mir über dieses Thema sprechen möchten, und 10 ist der Punkt, an dem Sie Ihr geschildertes Ziel erreicht haben: Wo stehen Sie gerade jetzt?

Was immer Ihr Mitarbeiter antwortet („5", „3.21", „zwischen 4 und 5") – lassen Sie sich nicht vom Wert an sich beirren, selbst wenn Ihnen der genannte Skalenwert niedrig erscheint!

Wichtig ist, dass Sie sofort die zweite Skalenfrage daran setzen:
Was ist der Unterschied zwischen Ihrem aktuellen Wert und 10 – was tun Sie anders, wenn Sie auf 10 stehen?

Ziel dieser Frage ist es aus meiner Sicht, die Unterschiede zwischen dem aktuellen Verhalten des Coachees und dem gewünschten Verhalten in seinem eigenen Optimalbild genau herauszuarbeiten. Warum? Weil meine Erfahrung ist: Je mehr ihm bewusst wird, dass er ab sofort etwas ganz anderes leben sollte (und vor allem: was genau) als bisher, desto besser ist das Forecast seines neuen Handlungsszenarios.

Sehr oft höre ich, dass Vorgesetzte die Skala ein wenig anders anwenden als von Steve de Shazer angedacht. Da dieser Unterschied jedoch aus meiner Sicht sehr wichtig ist, möchte ich ihn an dieser Stelle detailliert beschreiben:

Viele Vorgesetzte fragen – als Relikt aus der „klassischen Welt" – danach, wie der Mitarbeiter „vom aktuellen Wert auf 10 kommt". Das ist jedoch etwas ganz anderes, als die Unterschiede zwischen den zwei Welten herauszuarbeiten (Radatz, 2013). Und: Wir erhalten auf unsere „Wie kommen Sie auf 10-Frage" oft gar keine Antwort, denn nicht nur, dass die Mitarbeiter nicht wissen, „wie sie dahin kommen", könnte es ja auch sein, dass zwischen dem einen und dem anderen Bild gar kein Weg liegt, sondern vielmehr die Entscheidung zwischen zwei Alternativen.

Wenn wir also fragen, was der Mitarbeiter tun muss, um auf die nächste Stufe zu kommen, implizieren wir, dass zwischen den beiden Skalenstufen ein Weg liegt – und verbinden damit immer, dass sich der Mitarbeiter „in eine Richtung entwickeln muss" (was in unserem klassischen Denken mit Zeit verbunden ist).

Dabei könnten wir stets auch anstatt des „hin zu" eine Entscheidung zwischen verschiedenen Verhaltensweisen unterstellen: Wir könnten unsere Verhaltensweisen, die wir aktuell im „Repertoire", in unserem Denkrahmen des Möglichen haben, mit Kleidern vergleichen, die wir in unserem Kleiderschrank haben: Wir können zwischen verschiedenen Kleidungsstücken wählen, sie gegebenenfalls auch neu kombinieren – aber wir „entwickeln" uns nicht von einem Kleiderstück zum nächsten.

Dem entsprechend frage ich auch niemals, „Was tun Sie, um von 6 auf 10 zu kommen?" sondern, „Was tun Sie bei 10 anders als bei 6?"

5.2.6. Planung des „Lebens des Optimalbilds"

Die Frage, „Was tun Sie nun (morgen) konkret?" ist in manchen Coaching-Gesprächen wichtig – in anderen hingegen nicht notwendig. Schätzen Sie selbst von Fall zu Fall ab, inwieweit Sie den letzten Schritt benötigen!
Sie können in dieser Phase die gesamte Situation (z.B. das kommende Meeting, das Gespräch mit dem heiklen Mitarbeiter, die Planung des nächsten Angebots, das Gespräch mit der Ehefrau über das neue Karriereangebot etc.) Stück für Stück durchgehen oder z.B. ein Rollenwechsel-Gespräch (siehe S. 133) anschließen.

Immer wieder geht es dann um die Fragen:

- **Und was tun Sie dann konkret zu Beginn?**
- **Welche Reaktion erwarten Sie darauf?**
- **Und was tun Sie dann idealerweise?**
- **Und wie verhält sich dann der andere (verhalten sich die anderen) anders?**

Etc.

Abb. 31: **Eine Übersicht über die Relationalen Fragen jeder Coaching-Phase**

Phase	Beispiele für Fragestellungen
Phase 1	
Einstieg in Coaching-Gespräch?	■ Was steht an? ■ Worum geht's? ■ Was führt Sie zu mir? ■ Was ist der Anlass für dieses Gespräch?
Phase 2	
Gestaltung des Optimalbilds	■ Was ist Ihr optimales Bild von dieser Situation? ■ Wie leben Sie diese Situation, wenn es perfekt ist?
Phase 3	
Auftragsgestaltung	■ Was müsste heute, hier und jetzt passieren, damit sich das Gespräch für Sie lohnt? ■ Was müsste hier passieren, damit das Gespräch für Sie sinnvoll ist? ■ Was sollte das Ergebnis unseres Coachings sein? ■ Wenn Sie sich etwas wünschen können – was sollte im heutigen Gespräch passieren?
Phase 4	
Kriterien des Optimalbilds	■ Welche Kriterien müsste das Optimalbild erfüllen, damit es für Sie den Begriff „Optimalbild" auch wirklich verdient? ■ Wer außer Ihnen wäre vom Optimalbild noch betroffen? Woran würden diese Personen merken, dass Sie jetzt das Optimalbild leben? ■ Wie würden Sie sich, wenn Sie Ihr Optimalbild schon leben würden, anders verhalten als jetzt? Und wie würden die anderen darauf reagieren?

Phase 5	
Standortbestimmung und Unterschiedsbildung	■ Auf einer Skala von 0 bis 10, wenn 0 für den Zeitpunkt steht, an dem Sie sich entschieden haben, mit mir dieses Gespräch zu führen und 10 steht für das umfassende Leben des Optimalbilds – wo stehen Sie gerade jetzt? ■ Was ist der Unterschied zwischen Ihrem aktuellen Skalenwert und dem Wert 10? Also: Was tun Sie konkret anders, wenn Sie auf 10 stehen? ■ Was tun andere anders, wenn Sie auf 10 stehen? ■ Und wenn die anderen sich so verhalten, wie verhalten Sie sich dann? Und wo stehen Sie dann auf Ihrer persönlichen Skala?
Phase 6	
Planung des Lebens des Neuen	■ Was tun Sie morgen konkret – bzw. in der nächsten Situation, bei der Sie die Gelegenheit haben, Ihr Optimalbild zu leben?

6. Relationale Mitarbeiterbegleitungs- und Coaching-Konzepte in der Praxis

Die zuvor dargestellten Abläufe in Mitarbeiterbegleitung und Coaching können wir nun mit beliebigen einzelnen Fragestellungen füllen – oder mit Relationalen Konzepten, die jeweils ein Gesprächsthema komplett abdecken.

Die Wahl des Konzepts erfolgt idealerweise je nach Thema, das gerade mit dem Mitarbeiter bearbeitet wird.

Welche Konzepte ich in meiner Relationalen Praxis bislang sehr erfolgreich mit welchen Themen verknüpft habe, stelle ich in der folgenden Abbildung dar.

Die Zuordnung von Coaching-Konzepten zu Themen des Mitarbeiters

1: Anwendung gewöhnlicher Relationaler Fragen
2: Als erfolglos bewertete Verhaltensmuster unterbrechen
3: Einbeziehung virtueller Experten oder Unbeteiligter
4: Die Pyramide der Perspektiven
5: Die Choreographie innerer Stimmen
6: Räumliche/ zeitliche Dissoziierung
7: Goldwaage
8: Rollenwechsel-Gespräch
9: 360°-Perspektiven
10: Personifizierung von Symptomen
11: Symbolisierung mit Bausteinen beziehungsweise Alltagsgegenständen

Abb. 32: **Die Zuordnung von Coaching-Konzepten zu Themen des Mitarbeiters**

Ziele des Mitarbeiters	**1**	**2**	**3**	**4**	**5**	**6**	**7**	**8**	**9**	**10**	**11**
Abstand von einer Klarheit über eine Situtation gewinnen	x	x	x	x	x				x		x
Anstehende Entscheidung	x		x	x	x		x		x		
Neugestaltung des eigenen Teams/ Unternehmens	x		x	x	x	x			x		x
Wie umgehen mit einem Thema/ einer Person	x		x	x	x	x		x			
An (psycho-)somatischen Beschwerden arbeiten	x		x	x	x					x	
Arbeit an den eigenen Verhaltensmustern	x	x	x	x	x						
Ordnung für sich schaffen	x		x	x	x						x
Vorbereitung eines wichtigen Gesprächs	x		x	x	x			x			

6.1. Die Anwendung gewöhnlicher Relationaler Fragen

Relationale Fragestellungen, wie ich sie im Kapitel 4, ab S. 80 ff. vorgestellt habe, können wir praktisch in jedem Gespräch und zu jedem Zeitpunkt anwenden. Als wichtig erlebe ich dabei, den Faden nicht zu verlieren und jedes Thema so auszuschöpfen, dass der Gesprächsprozess als rund empfunden wird.

Die meisten Teilnehmer in meinen Weiterbildungen am IRBW empfinden es zu Beginn immer ungleich schwieriger, „einfach Relationale Fragen" im Gespräch anzuwenden, als einem klar strukturierten Gesprächskonzeptablauf zu folgen. Deshalb möchte ich hier einen Entscheidungsbaum vorstellen, der die Arbeit auch mit „ungeordneten"

Relationalen Fragen erleichtert und hilft, auch ohne klare „Konzeptabläufe" den Überblick im Gesprächsprozess zu bewahren.
In diesem Entscheidungsbaum (siehe Abbildung) wechselt sich stets eine Phase des Sammelns auf breiter Ebene mit einer in die Tiefe gehenden Kriteriensuche ab.

Abb. 33: **Der Entscheidungsbaum im Fragestellen**

<table>
<tr>
<td>
1. Sammlung (breite Ebene):
Ausgehend vom Optimalbild werden zunächst alle Personen/ Themen/ Situationen gesammelt, die für das konsequente Leben des Optimalbilds beleuchtet werden müssen.

Beispielhafte Fragestellungen:
■ Wer alles würde es merken, wenn Sie Ihr Optimalbild konsequent leben? Wer noch? Wer noch?
■ Welche Themen müssen wir bearbeiten, damit Sie Ihr Optimalbild voll und ganz leben? Welche noch? Welche Situationen müssen wir besprechen, damit Sie die gewünschten Ergebnisse kontinuierlich erzielen?

2. Kriteriensuche (Tiefe):
Für jede einzelne genannte Person/ Themenstellung/ Situation wird dann in die Tiefe gefragt – und zwar so lange, bis bei dieser Person/ Themenstellung/ Situation aus Sicht des Mitarbeiters alles ausgeschöpft ist, was zum erfolgreichen Leben des Optimalbilds beitragen könnte. Erst dann wird im Entscheidungsbaum wieder „hinaufgegangen", um den nächsten Punkt aus der Sammlung auf breiter Ebene für die Kriteriensuche zu verwenden.

Beispielhafte Fragestellungen:
■ Woran an Ihrem Verhalten würde A merken, dass Sie Ihr Optimalbild leben? Woran noch? Und wenn Sie das täten – was täte A dann? Was noch?
■ Und was wäre Ihre Reaktion darauf?
■ Und welche Auswirkungen hätte das auf die ganze Belegschaft?
</td>
<td>
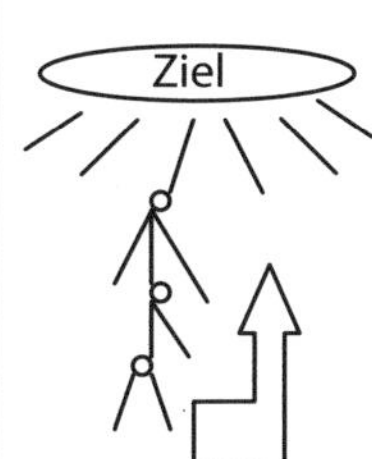

</td>
</tr>
</table>

6.2. Als erfolglos bewertete Verhaltensmuster verändern

Es gibt Verhaltensmuster, die wir als erfolgreich ansehen – für diese gilt: „If something works, do more of the same" (Steve de Shazer). Und es gibt Verhaltensmuster, die wir als nicht (so) erfolgreich ansehen, genauer: bei denen immer wieder Ergebnisse herauskommen, die wir als nicht (so) gut bewerten. Beispielsweise könnte ein Mitarbeiter das Thema schildern, dass er mit seinen Vorschlägen „nie bei den Kollegen ankommt", oder dass er „es nie schafft, Deadlines einzuhalten" oder dass er „in Meetings nie dazu kommt, sich entsprechend einzubringen".
Diese Verhaltensmuster können wir in der Mitarbeiterbegleitung und im Coaching (oder sogar im Eigencoaching) bewusst in Frage stellen und neue, alternative Wege im Verhalten entwerfen – nach folgendem Konzeptablauf:

1. Themendefinition

Worum geht´s?

Damit dieses Instrument sinnvoll ist, sollte das beschriebene Thema ein Handlungsmuster sein, in dem typischerweise folgende Wörter enthalten sind: „Immer…", „… schon wieder…", „… wieder…" oder „Jedes Mal...". Natürlich können nur Handlungsmuster bearbeitet werden, bei denen der Mitarbeiter eine Rolle spielt – aber das versteht sich wahrscheinlich von selbst! Eine „Veränderung der anderen aus der Ferne" ist ja nun nicht so einfach möglich – meiner Erfahrung nach.

2. Optimalbild

Wie sollte im Idealfall das „Schlussbild" in diesem Muster aussehen?

3. Auftrag

Was sollten wir hier besprechen, damit Sie bei jeder Gelegenheit wieder dieses optimale Schlussbild erleben?

Das Instrument ist gut anwendbar, wenn das Optimalbild mit einer Veränderung des Handlungsmusters zusammenhängt, und auch der Auftrag in die Richtung geht, das Handlungsmuster genauer anzusehen und Veränderungen zu schaffen.

4. Kriterien des Handlungsmusters

Welches Ergebnis kommt in Ihrem Alltag immer wieder heraus, das Sie in Zukunft nicht mehr erleben wollen?

Schreiben Sie dieses „unerwünschte Ergebnis" des Handlungsmusters ganz unten auf einem Blatt auf. Halten Sie dabei das Blatt so, dass der Mitarbeiter stets „mitschauen" kann.

Wie beginnt das Muster, zu dem Zeitpunkt, an dem „der Himmel noch blau ist und die Sonne noch scheint"?

Schreiben Sie ganz oben auf das Blatt, mit welcher Handlung des Mitarbeiters das unerwünschte Ergebnis beginnt.

Schreiben Sie dann nacheinander akribisch jede Handlung des Mitarbeiters und des/ der anderen Beteiligten auf, die dazu führt, dass am Schluss das unerwünschte Ergebnis herauskommt, mit folgenden Fragestellungen:

Was tun Sie dann in Folge, damit am Schluss jedenfalls das unerwünschte Ergebnis herauskommt?

Und was tut der/ tun die andere(n) dann in Reaktion darauf?

Und was tun Sie wiederum, damit am Schluss jedenfalls das unerwünschte Ergebnis herauskommt? Etcetera (siehe Abbildung auf S. 123).

5. Standortbestimmung

Rahmen Sie dann jene Handlungen rot ein, die unter dem Einfluss des Mitarbeiters stehen (die der Mitarbeiter verändern KANN) – nach der Frage:

„Welche Handlungen KÖNNEN Sie verändern (zunächst einmal unabhängig davon, ob Sie sie verändern wollen)?"

Rahmen Sie danach innerhalb der „roten" Handlungen jene blau ein, die der Mitarbeiter auch verändern WILL – nach der Frage:

„Welche von den Handlungen, die Sie verändern können, WOLLEN Sie auch verändern? Wo wollen SIE statt Ihrem bisherigen Verhalten andere Handlungen setzen?"
Schließlich schreiben Sie zu jeder „blauen" Handlung alternative Vorgehensweisen auf, die mit hoher Wahrscheinlichkeit nicht zum unerwünschten Ergebnis führen – entsprechend der Antworten auf die Frage:
„Was könnten Sie anstatt dieser Handlung tun, sodass Sie mit Sicherheit NICHT das unerwünschte Ergebnis von unten erreichen? Was noch? Was noch?"

6. Planung des Lebens des Neuen
„Wenn Sie sich das bestehende Handlungsmuster und Ihre Handlungsalternativen darin nun nochmals ansehen: Wie gestalten Sie das nächste Mal, wenn Sie wieder in diese Situation kommen?", so lautet die Frage der Vorgesetzten an ihren Mitarbeiter, wenn es dann darum geht, das Gespräch abzuschließen.

Warum stellen wir die Frage – wenn doch alles ohnehin schon so klar herausgearbeitet zu sein scheint?
Ich habe schon oft erlebt, dass Mitarbeiter, wenn sie die Alternativen zum aktuellen Handlungsmuster klar vor Augen haben, doch bei lieber beim Gewohnten bleiben und den „Preis" dieses Handlungsmusters in Kauf nehmen, der ihnen immer noch geringer erscheint, als der „Preis", den sie tragen müssten, wenn sie sich „neu" verhielten. Diese Entscheidung sehen die Mitarbeiter in der Regel auch als ein ebenso zufriedenstellendes Ergebnis ihres Themas an wie die grundlegende Veränderung ihres Tuns – denn sie entscheiden sich nun bewusst für das eine oder für das andere (oder für eine dritte und vierte Alternative) und haben alle aus ihrer Sicht möglichen anderen Handlungsmuster in ihrer Entscheidung mitbedacht.
Ab diesem Moment „gestalten" sie, anstatt sich „in der Falle" zu fühlen.

Abb. 34: **„Vorlage" für ein aufgezeichnetes Handlungsmuster bei einem Musterveränderungscoaching**

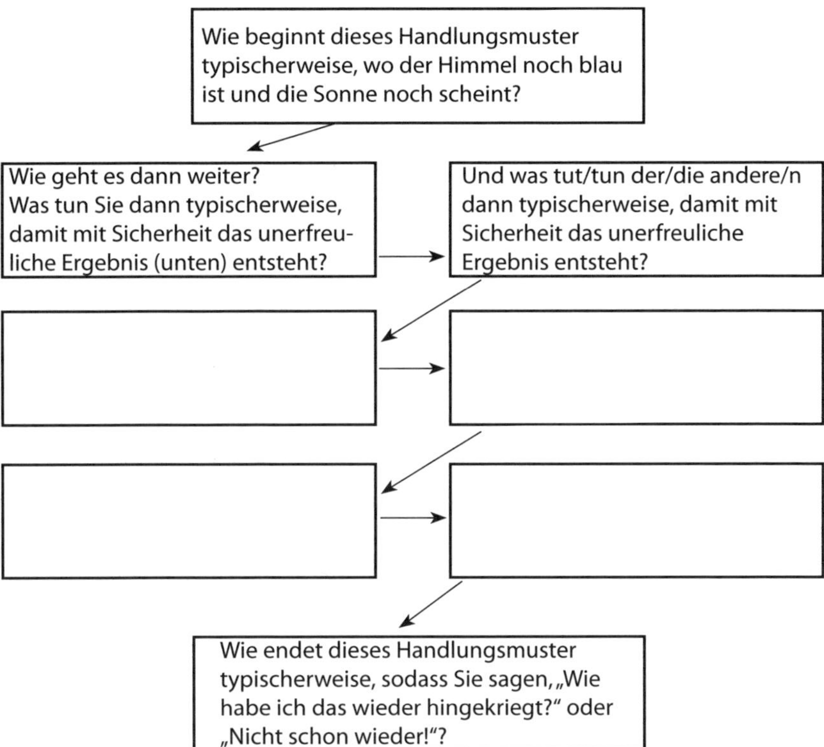

6.3. Einbeziehung virtueller Experten oder Unbeteiligter

Das Konzept des virtuellen Experten oder Unbeteiligten eignet sich immer dann, wenn der Mitarbeiter mit seinen eigenen Ideen an seine Grenzen stößt; wenn er zum Beispiel wiederholt sagt, dass er keine Idee, keinen Ansatzpunkt für eine Lösung hat.

Das Konzept basiert auf meiner Wahrnehmung, dass wir in vielen Situationen feststellen, jemand ANDERES (ein bestimmter Freund, ein Kollege, ein Experte auf diesem Gebiet, die Mutter oder der Vater; oder auch jemand uns persönlich völlig Unbekannter, wie etwa ein berühmter Sportler, Musiker, Geistlicher oder Philosoph, aber vielleicht sogar selbst der Fußgänger direkt auf der Straße vor dem Büro) könnte unser Thema „mit links" lösen beziehungsweise mit diesem Thema ganz einfach und spontan so umgehen, dass er sofort Ideen dafür parat hätte.

Und das hat ja auch durchaus seine Berechtigung, wenn wir davon ausgehen, dass nur der Betreffende das Thema hat (zum Beispiel den Wald vor lauter Bäumen nicht mehr sieht), die anderen um ihn herum aber genau dieses Thema nicht haben.

Der Unterschied zwischen der Einbeziehung eines virtuellen Experten und einem Ratschlag, den wir dem Mitarbeiter geben, besteht aus meiner Sicht darin, dass im ersten Fall der Mitarbeiter selbst die Ideen des virtuellen Experten formuliert (d.h. alle in seinem eigenen Denkrahmen möglichen Handlungsalternativen entwirft – allerdings wesentlich erleichtert durch die neuen Perspektiven, die er mit Hilfe der „virtuellen Experten" einnehmen kann), während er im zweiten Fall Handlungsansätze serviert bekommt, die zwar unglaublich gut gemeint sein können, aber mit Sicherheit nicht oder nur zufällig als passend zum eigenen Denkrahmen erlebt werden.

<u>1. Themendefinition</u>

Wir beginnen ein ganz gewöhnliches Gespräch – und wenn wir merken, dass es hier günstig wäre, einen Experten oder einen Unbeteiligten hereinzuholen, dann fragen wir den Mitarbeiter nach einem Experten oder einem Unbeteiligten – jemanden, den er persönlich oder aus Film, Funk und Fernsehen oder der Zeitung kennt oder der damit rein gar nichts zu tun hat; jedenfalls aber sein anstehendes Thema aus seiner Sicht „mit links" lösen könnte.

2. Optimalbild und Kriterien des Optimalbilds
Diesen Experten laden wir „virtuell" ein – mit den Worten: „Schön, dass Sie da sind, Fr./ Hr. XX, darf ich Sie bitten, sich hierher zu setzen (leeren Stuhl anbieten!). Sie haben ja jetzt kurz gehört, Fr./Hr. XX, worum es geht, und was sagen Sie nun dazu? Und, Hr./Fr. (Mitarbeiter), was glauben Sie, was XX jetzt sagen würde?"
„Was noch?" „Was noch?"
„Und was würde er Ihnen konkret raten zu tun? Was wären seine ersten Ansatzpunkte, um eine gute Lösung herbeizuführen?"

Wenn alles gesagt wurde, wird der virtuelle Gast höflich verabschiedet und der Mitarbeiter wird gefragt: „Und was nehmen Sie sich nun daraus mit?"

3. Standortbestimmung, Planung
Das Gespräch wird mit Standortbestimmung und eventuell Planung des Neuen zu Ende geführt.

6.4. Die Pyramide der Perspektiven

Wenn es darum geht, die Handlungsalternativen des Mitarbeiters in einer bestimmten Situation zu erhöhen, ist auch das „Pyramide der Perspektiven"- Modell ein erfolgreiches Gesprächskonzept.
Dabei betrachten wir eine Situation – z.B. das aktuell gelebte Konzept des Mitarbeiters, eine bestimmte nicht funktionierende Vorgangsweise, aktuelle Unzufriedenheit mit der Situation – aus sechs unterschiedlichen Positionen.

1. Themendefinition und Auftrag
Da in einer solchen Situation eben gerade das Optimalbild für den Mitarbeiter noch nicht klar ist, arbeiten Sie zuerst an Themendefinition und Auftrag und stellen die Gestaltung des Optimalbilds in den Mittelpunkt des Gesprächs.

2. Optimalbild und Kriterien des Optimalbilds

Die Erarbeitung des Optimalbilds erfolgt unter Verwendung der folgenden 6 Fragestellungen:

- Was kann ich tun, damit es noch schlimmer wird?
- Was kann ich tun, damit es besser wird?
- Was kann ich tun, damit ich die negativen Folgewirkungen möglichst minimiere?
- Was kann ich tun, damit ich möglichst viel langfristig Gutes erreiche?
- Was passiert, wenn ich nichts tue?
- Was könnte ich tun, das etwas ganz anderes wäre – etwas, das bisher außerhalb meines Denkrahmens stand?

Gehen Sie Position für Position anhand der Fragestellungen durch und schreiben Sie alle Antworten auf, die Ihrem Mitarbeiter zu den verschiedenen Positionen einfallen. Heben Sie dann jene Antworten heraus, die dem Mitarbeiter in seiner Situation sinnvoll erscheinen – sodass er sich für eine entscheiden kann.

Abb. 35: **Die Positionen im Pyramide der Perspektiven-Modell**

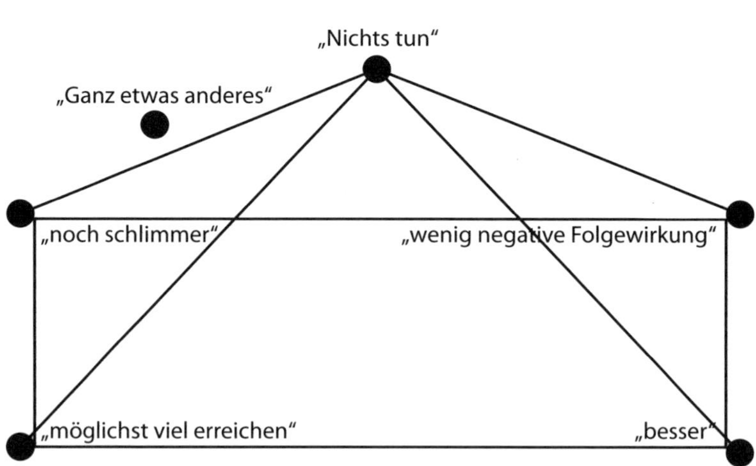

6.5. Die Choreographie innerer Stimmen

Viele von uns haben – gerade wenn es um Entscheidungen oder das Abwägen unterschiedlicher Standpunkte geht – verschiedene innere „Stimmen", die bezüglich des Themas miteinander in Konflikt stehen. Und wer kennt das nicht; die Engelsstimme, die einem zuflüstert, „Tu's nicht! Wer weiß, wofür es gut ist!"; andererseits die Draufgängerstimme, die oft allzu präsent ist: „Tu's! Eine solche Gelegenheit ergibt sich so schnell nicht wieder!" Und die ängstliche Stimme: „Was aber, wenn es schief geht?" etcetera.
Wenn immer wir als Vorgesetzte ein „einerseits – andererseits" oder Formulierungen wie „Da habe ich mir dann klar zu machen versucht...", „Diesbezüglich mache ich mir häufig vor...", „Da bin ich noch im Unreinen mit mir selbst..." oder „Ich würde ja gern, aber ich kann nicht" hören, können wir davon ausgehen, dass hier im Inneren des Mitarbeiters zumindest zwei Stimmen gegeneinander kämpfen, während der Mitarbeiter als „Präsident", als „Regisseur" oder als „Dirigent" der verschiedenen Stimmen nicht oder zu wenig in Aktion tritt. Er überlässt den Stimmen das Feld zur freien Schlacht – was zur Folge hat, dass letztlich diejenige Stimme gewinnt, die am stärksten in den Vordergrund tritt, und nicht unbedingt ein aus Sicht des Mitarbeiters sinnvoller „Konsens" zwischen seinen inneren Stimmen und Perspektiven/ Meinungen entsteht.
Das Konzept der inneren Stimmen (Schulz von Thun, 1998), ursprünglich entwickelt von Gunther Schmidt (der aber leider bei Schulz von Thun nicht zitiert wird), zielt genau darauf ab – auf die Schaffung von Konsens. Was zunächst im Ablauf ein wenig „esoterisch" klingt, ist nichts anderes als ein handfestes Auseinandersetzen mit unterschiedlichen Perspektiven zu einem anstehenden Thema, die wir für gewöhnlich nicht auseinanderdividieren und deren konfliktäres Miteinander bei Entscheidungen häufig entweder Erstarrung ähnlich einem Reh im Lichtkegel des Autos auf der Fahrbahn zur Folge hat, oder – wenn sich eine der Stimmen auf Kosten der anderen erfolgreich durchsetzt – ein nicht minder problematisches Hin und Her beziehungsweise Gewissensbisse „im Nachhinein".

Und so funktioniert das Konzept:

1. Themendefinition

Wie oben bereits beschrieben, schildert der Mitarbeiter das Thema meist in Form eines „einerseits – andererseits", „Ich würde gern –... aber ich kann nicht" und ähnlichem.

Zunächst werden gemeinsam mit dem Mitarbeiter die verschiedenen Stimmen identifiziert, die sich zu dem Thema melden. Der Mitarbeiter gibt diesen die für ihn passenden Namen – zum Beispiel „die ängstliche Stimme" oder „die zielorientierte Stimme" oder „die Nutzen maximierende Stimme". Am besten holen Sie so viele leere Stühle an den Tisch, wie Stimmen identifiziert werden, schreiben für jede Stimme einen Namen auf ein Kärtchen und bringen jedes der Kärtchen an einem anderen Stuhl an.
Dann setzt sich der Mitarbeiter nacheinander in jeden der Stühle und schildert die Situation, die Intention beziehungsweise die Einstellung zu den Entscheidungsalternativen – wenn es um eine Entscheidung geht – aus der Perspektive der jeweiligen Stimme heraus. Dabei kann es durchaus sein, dass sich die Stimme des Mitarbeiters in jedem Stuhl ein wenig ändert – und auch seine Ausdrucksweise. Und die Stimmen können durchaus sehr konfliktreich aneinandergeraten!

Nun setzt sich der Mitarbeiter nochmals – beginnend mit jener Stimme, die für ihn in der aktuellen Situation die wichtigste ist – nacheinander auf jeden Stuhl und beleuchtet die Situation aus der Perspektive jeder einzelnen Stimme:

- **„Welchen Fokus verfolgt jede einzelne Stimme bei diesem Thema?"**
- **„Wofür – für welches Anliegen, für welchen Fokus – macht sie sich stark?"**
- **„In welche Richtung unterstützt, hilft sie Ihnen?"**
- **„Wovor bewahrt sie Sie – im Sinne von: Welchen Nutzen hat das Bestehen dieser inneren Stimme beim konkreten Anlass für Sie als Mitarbeiter?"**

2. Optimalbildgestaltung und Kriterien des Optimalbilds
Nun führen wir im Gespräch eine neue Person ein, die für gewöhnlich in der Auseinandersetzung zwischen den inneren Stimmen fehlt: den Präsidenten, Dirigenten, Regisseur – welche Metapher auch immer passt, sie steht stets für die Person des Mitarbeiters: Denn diese tritt nun aktiv in die Auseinandersetzung ein und sorgt für Ordnung – mit folgenden Fragestellungen:

- **„Welche dieser Stimmen wollen Sie zu diesem Thema im Vordergrund hören?"**
- **„Welche sollte starten, welche erst später einsetzen?"**
- **„Welche dürfen Sie keinesfalls vergessen – auch wenn sie noch so unerheblich klingt?"**
- **„Wozu will ich jede dieser Stimmen genau befragen? Für welche Detailthemen brauche ich sie als Experten?"**
- **„Und wenn Sie die Stimmen in dieser Choreographie ordnen – welche Kriterien der Entscheidung sind dann letztendlich wichtig für Sie? Um welche ‚Hauptthemen' dreht sich dieses ‚Stück', dieses ‚Musikstück', diese ‚Gesellschaft'?"**

3. Standortbestimmung
Der Mitarbeiter setzt sich nun – seiner neuen Choreographie folgend – auf jeden der Stühle und gibt aus der Perspektive jeder Stimme einen Entscheidungsvorschlag und die dazugehörige Argumentation. Dann setzt sich der Mitarbeiter wieder auf seinen originären Stuhl und die Vorgesetzte fragt ihn, „Was ist nun Ihre Conclusio daraus?".

4. Planung des Leben des Neuen
… falls notwendig…

6.6. Räumliche/ zeitliche Dissoziierung

Manchmal sind Menschen so sehr in ihr Thema verstrickt, dass man sie am liebsten aus dem Sessel reißen möchte, um ihnen zu helfen, ihre Si-

tuation aus einer etwas größeren Distanz betrachten zu können. Das tun wir verbal, wenn wir mit einer räumlichen beziehungsweise zeitlichen Dissoziierung (Abstandschaffung) zum Thema arbeiten.
Dabei eignet sich die zeitliche Dissoziierung besser, um (längerfristige) Auswirkungen deutlich zu machen (beziehungsweise ein aus Sicht des Mitarbeiters „verkraftbareres“ Bild zu schaffen) – und die räumliche Dissoziierung passt besser, um mit gefühltem, räumlichem Abstand Distanz zu schaffen.

1. Themendefinition
Hier wird das Thema typischerweise sehr emotional geschildert.

a) Optimalbild in der zeitlichen Dissoziierung
- Wenn Sie dieses Thema aus einer gewissen zeitlichen Entfernung betrachten – sagen wir, wir befinden uns hier an diesem Tisch wie heute, aber es ist genau 10 Jahre später – wie würden Sie das Thema dann beschreiben?
- Woran würden Sie in einem Monat erkennen, dass Sie das Thema zu Ihrer Zufriedenheit gelöst haben?
  - Woran in einem Jahr?
  - Woran in fünf Jahren?
  - Woran zu Ihrer Pensionierung?
  - Woran, wenn Sie – alt und grau geworden – sich zurückgezogen und sich privat für Sie interessanten Dingen zugewendet haben?

b) Optimalbild in der räumlichen Dissoziierung
- Wie würden Sie das Thema beschreiben –
  - von der Bar aus, in der Sie sich am Abend mit Freunden treffen werden?
  - als Marathonläufer aus 42 km Entfernung?
  - von Ihrem Urlaub auf den Fidji-Inseln aus?
  - als jemand, der ein Sabbatical Year genommen hat, aber immer wieder in die Firma hineinschnuppert?

- Welche Entfernung erscheint Ihnen als jene, die Ihnen die gelassenste Sichtweise ermöglicht?
- Und wenn Sie sich in diese Situation nochmals genauer, detaillierter hineinversetzen – was würden Sie in Bezug auf Ihr geschildertes Thema konkret anders tun, wenn Sie sich in dieser Entfernung vom Thema befänden?

<u>2. Kriterien des Optimalbilds</u>
<u>a) in der zeitlichen Dissoziierung</u>

- Woran würden Sie in einem Monat erkennen, dass Sie das Thema zu Ihrer Zufriedenheit gelöst haben?
  - Woran in einem Jahr?
  - Woran in fünf Jahren?
  - Woran zu Ihrer Pensionierung?
  - Woran, wenn Sie – alt und grau geworden – sich zurückgezogen und sich privat für Sie interessanten Dingen zugewendet haben?

<u>b) in der räumlichen Dissoziierung</u>

- Wie würden Sie das Thema beschreiben –
  - von der Bar aus, in der Sie sich abends mit Freunden treffen werden?
  - als Marathonläufer aus 42 km Entfernung?
  - von Ihrem Urlaub auf den Fidji-Inseln aus?
  - als jemand, der ein Sabbatical Year genommen hat, aber immer wieder in die Firma hineinschnuppert?
- Welche Entfernung erscheint Ihnen als jene, die Ihnen die gelassenste Sichtweise ermöglicht?
- Und wenn Sie sich in diese Situation nochmals genauer, detaillierter hineinversetzen – was würden Sie in Bezug auf Ihr geschildertes Thema konkret anders tun, wenn Sie sich in dieser Entfernung vom Thema befänden?

<u>3. Planung des Lebens des Neuen</u>

Dieser Schritt muss nicht unbedingt erfolgen.

6.7. Goldwaage

Wie können wir Mitarbeiter qualifiziert und effizient in wichtigen Entscheidungsprozessen begleiten? Wie können wir dafür sorgen, dass sie alle ihnen bekannte Eventualitäten bewusst berücksichtigen und in ihre Entscheidungsfindung mit einbeziehen?
Mit der Verwendung der „Goldwaage" helfen wir dem Mitarbeiter, seine Kriterien für die Auswirkungen seiner Entscheidung maßgeschneidert festzulegen – und legen damit einen wesentlichen Grundstein für eine qualifizierte Entscheidung.

1. Themendefinition
Damit dieses Werkzeug gut angewendet werden kann, sollte es im Gespräch um eine Entscheidung gehen.

2. Kriterien des Optimalbilds
Jetzt geht es darum, die spezifisch relevanten Kriterien des Mitarbeiters für die Entscheidung auszuarbeiten und festzulegen: „Welche Kriterien spielen bei dieser Entscheidung eine Rolle?" (Zum Beispiel die Reaktionen bestimmter Menschen [welcher?], potenzielle Folgen, Kosten, persönliche Vorteile, Handlungsspielraum etc.) „Welche noch?" „Welche noch?" An dieser Stelle ist es wichtig, alle relevante Kriterien nachzufragen, das heißt im Bedarfsfall, auch sehr „unbarmherzig" zu agieren.

3. Optimalbild
Nun wird an jedes Kriterium – beginnend mit dem aus Sicht des Mitarbeiters wichtigsten – nacheinander herangegangen und dieses für beide Seiten (Entscheidung in die eine versus in die andere Richtung) geprüft, zum Beispiel für das Kriterium „Reaktionen des Vorstands":

- „Wenn Sie sich nun für A entschieden haben und Sie versetzen sich in Ihren Vorstand hinein – wie könnte dessen Reaktion aussehen? Was sagt er vermutlich? Wie wird er handeln?"
- „Welche Reaktion wird er noch zeigen?"
- „Welche noch?" „Welche noch?"

- „Und wenn Sie sich für B entscheiden: Welche Reaktionen könnte er dann zeigen?"
- „Welche noch?" „Welche noch?" „Welche noch?"

Jede Antwort wird in eine der beiden „Waagschalen" gelegt, die wir als Vorgesetzte am besten auf ein Blatt Papier aufzeichnen – je nachdem, für welche Entscheidung sie positiv wiegt. Wird zum Beispiel bei der Entscheidung A die Reaktion des Vorstands im ersten Moment als negativ eingeschätzt, wird dieser Punkt auf die Waagschale von B gelegt; wird die langfristige Reaktion des Vorstands bei der Entscheidung A als positiv eingeschätzt, so wird sie in die Waagschale von A gelegt.

4. Standortbestimmung
Sind alle Kriterien für die Entscheidungsmöglichkeiten durchgesprochen, so werden nun die Waagschalen kritisch unter die Lupe genommen: Welche Waagschale wiegt insgesamt schwerer? In welcher Waagschale sind mehr für den Mitarbeiter zentrale Kriterien vertreten? Auf Basis dieser Betrachtung kann der Mitarbeiter entweder sofort oder später seine „wohlüberlegte" Entscheidung treffen.

6.8. Rollenwechsel im Gespräch

Das „Rollenwechsel-Gespräch" kann sowohl in der Mitarbeiterbegleitung als auch in einem einzelnen Coaching ausgezeichnet angewendet werden – mit dem Fokus, ein bestimmtes anstehendes Gespräch, das der Mitarbeiter in Zukunft führen wird, gut vorzubereiten: Ein Abstimmungsgespräch mit dem Kollegen, ein Gespräch mit dem Lieferanten, ein Gespräch mit dem Kunden, mit dem Support, mit den Kooperationspartnern...
Dabei hat der Mitarbeiter die Möglichkeit, neue Verhaltensoptionen kennenzulernen und diese einerseits auf deren Passung zum eigenen Rahmen, zum eigenen Optimalszenario und zum aktuellen Konzept

zu prüfen, aber auch gleichzeitig deren potenzielle Wirkung auf den späteren Gesprächspartner zu testen: Wie könnte das ankommen? Was könnte dies beim Gesprächspartner auslösen?

6.8.1. Hintergrund des Konzepts

Der Vorgesetzte übernimmt dabei im Rahmen der Lösungsfokussierung die Rolle des Mitarbeiters – und der Mitarbeiter die Rolle des/der Gesprächspartner(s) – siehe Abbildung:

Abb. 36: **Rollenwechsel – das Gespräch im Gespräch**

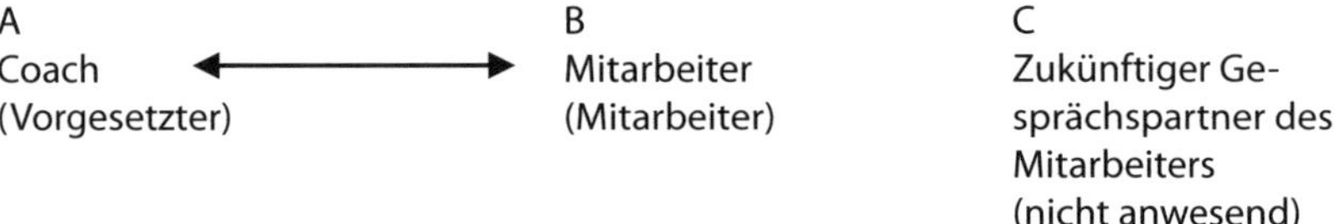

A und B führen das Coaching- oder Mitarbeiterbegleitungsgespräch

Im Gespräch werden die Rollen getauscht, wenn das neue Gespräch „ausprobiert" wird:

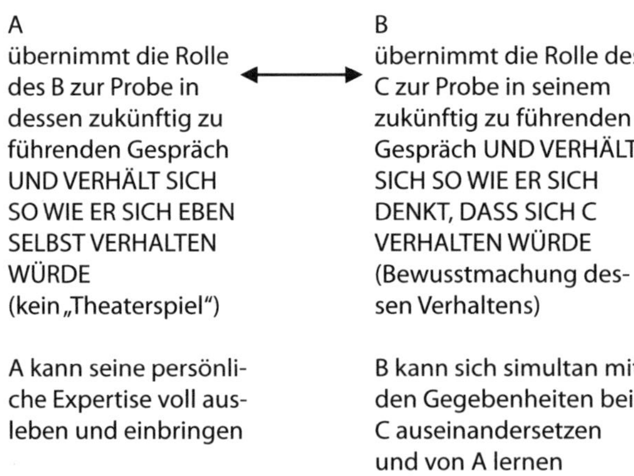

Auf diese Weise entsteht kein „Rollenspiel" im klassischen Sinn, in dem eine bestimmte Rolle „geübt" werden soll; sondern es entsteht beim Mitarbeiter ein gleichzeitiges Arbeiten auf zwei Ebenen: Einerseits muss er sich in seine(n) Gesprächspartner hineinversetzen und sich mit dessen potenziellen Argumenten, Kritiken oder Fragen auseinandersetzen; andererseits hört er bei seiner Vorgesetzten eine große Auswahl möglicher Handlungsalternativen für sich selbst, die für ihn einen Handlungssupermarkt darstellen:

- Er kann zum Teil „einkaufen" (dann wird er dennoch etwas völlig anderes tun, als die Vorgesetzte im Rollenwechsel);
- er kann auch Verhaltensweisen/ Vorgangsweisen entdecken, für die ihm klar wird, dass er sie keinesfalls einsetzen will;
- und er wird mit Sicherheit auch Teile im Gespräch erkennen, die er in seinem zukünftigen Gespräch verändert einsetzt.

6.8.2. Ablauf des „Rollenwechsel"-Konzepts

<u>1. Themendefinition, Optimalbild, Auftrag</u>

Diese erfolgen in der bewährten Form: Es wird zwischen Vorgesetztem und Mitarbeiter geklärt,

- worum es genau geht,
- wie das Optimalgespräch verlaufen und „ausgehen" soll
- und was der Vorgesetzte konkret dazu beitragen kann, um das geschilderte Optimalgespräch „wahr werden zu lassen".

<u>2. Kriterien des Optimalbilds</u>

Der Vorgesetzte lädt den Mitarbeiter sehr „lebensnah" ein, das Gespräch einfach mal gerade hier und jetzt „exemplarisch" zu führen: „Ich schlage vor, wir führen das Gespräch einfach mal mit vertauschten Rollen durch: Ich übernehme Ihre Rolle, werde aber nicht ‚Sie spielen', sondern schon voll und ganz in meiner Haut bleiben (dann sehen Sie gleich, ob Sie aus meiner Vorgehensweise in welche Richtung auch immer etwas mitnehmen können) – und Sie übernehmen die Rolle Ihres Gegenübers und versuchen, sich, so gut es geht, in ihn hineinzuversetzen: Dann können Sie vielleicht schon ein paar Punkte zu Ihrem Gegenüber identifizieren, um dieses spätere Gegenüber besser zu verstehen und verschiedene Argumente vielleicht sogar vorweg zu nehmen. Sind Sie dabei?"

Sobald das Gegenüber zustimmt (und ich habe bislang noch nie erfahren, dass das Gegenüber nicht zugestimmt hätte!), werden die Eckpfeiler für das Gespräch herausgearbeitet, die dem Mitarbeiter bereits gute Anhaltspunkte für die Gestaltung des Gespräches in der Praxis liefern, mit folgenden Fragen:

- „Was ist das gewünschte Ergebnis des Gespräches?"
- „Woran werden Sie schon während des Gespräches merken, dass das Gespräch erfolgreich ist? Woran Ihr(e) Gesprächspartner?"
- „Was darf auf keinen Fall im Gespräch passieren?"
- „Welche Themen sollten unbedingt, welche keinesfalls angesprochen werden?"
- „Welche Themen wurden bereits in Gesprächen zuvor behandelt und sind daher mit Glacéhandschuhen anzufassen?"
- „Was muss ich ‚als Sie' wissen – beziehungsweise mir immer vor Augen/ präsent halten – um dieses Gespräch brillant zu führen? Was noch? Was noch? Was noch?"

Erst im zweiten Schritt führt der Vorgesetzte wie im Drehbuch vereinbart das Gespräch mit dem Mitarbeiter. Wenn nötig, kann dazwischen immer wieder aus dem laufenden Gespräch ausgestiegen und reflektiert werden, ob der Mitarbeiter bislang zufrieden ist beziehungsweise in welche (veränderte) Richtung er im Gespräch gehen und was er gegebenenfalls sofort an Lernergebnissen festhalten möchte.
Das Gespräch muss nicht immer komplett durchgeführt werden. Ich habe auch bereits erlebt, dass es vollkommen ausreicht, nur „über den springenden Punkt aus Sicht des Mitarbeiters" hinaus zu kommen.

3. Standortbestimmung
Sobald also der Coach merkt, dass der Mitarbeiter bereits zu einem passenden Handlungsmuster für sich gefunden hat beziehungsweise für sich „den Dreh heraus" hat, kann er das Rollenwechsel-Gespräch beenden, und kommt damit wieder mit einem Rücktausch der Rollen (B wird wieder zu A, C wird wieder zu B) in das Coaching- bzw. Mitarbeiterbegleitungsgespräch zurück.

Er stellt dann die Fragen,
1. „Was haben Sie nun in diesem exemplarischen Schritt gelernt? Was sind Elemente,
- die Sie vielleicht genau so übernehmen wollen?
- von denen Sie sich ganz klar abgrenzen wollen?
- die Sie auf eine andere Idee gebracht haben?"

2. „Was haben Sie über Ihren zukünftigen Gesprächspartner C gelernt?"
3. „Wie skizzieren Sie nun konkret das Gespräch, das Sie demnächst führen werden?"

Diese Phase erlebe ich als eine zentrale in diesem Konzept: Sie dient dazu, das Gehörte, das Erlebte, das Gefühlte in Worte zu fassen und darauf aufbauend bewusst das zukünftige Gespräch zu planen – genau so, wie es für den Mitarbeiter und seine Persönlichkeit ausgezeichnet passt; aber mit all den Erfahrungen, die der Mitarbeiter (mit) eingebracht hat.

6.9. 360°-Perpektiven

Oft weisen Themen, die ein Mitarbeiter präsentiert, eine besonders hohe Komplexität auf, weil sie Auswirkungen auf eine Vielzahl an Menschen oder Personengruppen haben. Dann macht es Sinn, mit dem Konzept der 360°-Perspektiven sehr genau all jene Menschen herauszuarbeiten, die betroffen sind – und ein gutes „Gesamt-Optimalbild"zu finden.

1. Themendefinition

Hier werden schon bei der Themendefinition typischerweise sehr viele Personen genannt, die im Thema „miteinander verwoben" sind (und häufig „verhindern", dass bestimmte gewünschte Ergebnisse auch wirklich erbracht werden können).

2. Optimalbild und Kriterien des Optimalbilds

Dabei geht es im ersten Schritt darum, die relevanten Personen zu identifizieren – relevant für das Optimalbild, nicht für die Situation, in welcher der Mitarbeiter „ansteht"; denn Problem und Lösung haben ja häufig nicht viel miteinander zu tun (de Shazer, 1999). Erst danach überlegen wir Kriterien einer guten Lösung für diese Personen:

- Woran würden Sie erkennen, dass Sie das Optimalbild voll und ganz leben?
- Wer außer Ihnen ist noch von Ihrem Optimalbild „betroffen" – wer ist im Bild, wer ist nicht (mehr) im Bild?
- Wer von diesen Personen/ Personengruppen freut sich oder hat etwas davon, wenn Sie Ihr Optimalbild leben?
- Woran würden diese Personen/ Personengruppen an Ihrem Verhalten erkennen, dass Sie Ihr Optimalbild leben? Woran noch? Woran noch?
- Und wer von diesen Personen/ Personengruppen hat einen Nachteil davon, wenn Sie Ihr Optimalbild leben?
- Woran würden diese Personen/ Personengruppen an Ihrem Verhalten erkennen, dass Sie eine gute Lösung gefunden haben? Woran noch? Woran noch?
- Wie könnten Sie sich gegenüber den Nachteil habenden Personen verhalten, damit für diese der subjektiv verspürte Nachteil geringer wird?
- Und wie sollten Sie sich aus Ihrer Sicht gegenüber jenen Personen verhalten, die wir bislang noch gar nicht durchgesprochen haben – die es aber dennoch merken, wenn Sie Ihr Optimalbild leben – damit diese Sie bei Ihrem Leben des Neuen unterstützen?

3. Standortbestimmung
Wie gewohnt mit der Skala.

6.10. Personifizierung von Symptomen

Ein Konzept, das mir besonders federleicht erscheint, manchmal geradezu banal daherkommt und trotzdem ungeheuer tiefgreifende Wirkung im (eher Coaching-) Gespräch entfaltet, ist die Personifizierung von Symptomen in chronischen Problemen. Es setzt dort an, wo in der klassischen Psychologie, Therapie und Medizin meist bereits Medikamente verabreicht werden. Und – es wirkt.
Die „Personifizierung des Problems" hat ihre Ursprünge in der hypnosystemischen Arbeit nach Milton H. Erickson und Gunther Schmidt.

Wovon geht sie aus?
Nun, viele Menschen – und natürlich auch Mitarbeiter – möchten eigentlich nichts anderes, als die Probleme, die sie haben, schlicht und einfach loswerden. Vor allem dann, wenn es sich um bereits länger anhaltendes Problembewusstsein handelt, etwa wenn den Mitarbeiter stört, dass er raucht oder wenn ihm „ein Problem im Magen liegt". Die Fragen, die wir im Gespräch in diesen Situationen stellen können, lauten:

- Welche Funktion hat dieses Problem?
- Wofür ist es da?
- Was kann anstatt des Problems treten?

Wir gehen also davon aus, dass wir eben nicht ganz einfach das Rauchen aufgeben können, weil es für etwas steht; und dass wir eben nicht ganz einfach eine (nicht funktionierende) Beziehung hinter uns lassen können, weil sie eine Funktion für uns hat („alles, was ein Coachee konstruiert, macht Sinn"). Hinter allen Problemen steht also eine Funktion, die „utilisiert" (Milton H. Erickson) werden kann. Und diese kann im Gespräch im Sinne der Erhaltung des Bewahrenswerten sauber herausgearbeitet werden.

Was aber, wenn nichts, aber auch schon absolut nichts Bewahrenswertes in einem Problem gesehen wird – wie dies etwa bei einem unerwünschten Verhaltensmuster der Fall ist, das „immer wieder kommt"?

Das ist bei Problemen der Fall, in denen der Mitarbeiter

- ein immer wiederkehrendes Problem schildert,
- das „von außen kommt",
- das ihm das Leben massiv erschwert,
- das zu seinem Leben quasi schon „dazugehört"
- und das er am liebsten „nur loswerden" möchte (in dem er also keinen Sinn sieht).

Beispiele dafür im Arbeitsalltag sind etwa

- Depressionen
- Burnout
- Physisch-psychische wiederkehrende Attacken, z.B. Atemnot, Magenbrennen, Stechen, Muskelprobleme und ähnliches
- Wiederholte Herzinfarkt-Gefahr
- Gastritis und Magengeschwür
- Migräne und häufig wiederkehrendes Kopfweh, vor allem wenn es immer in einer ähnlichen Situation passiert
- Wiederkehrende Hals-, Muskel- oder Rückenschmerzen
- Wiederholter Bandscheibenvorfall
- Wiederkehrende Unfälle
- Wiederkehrender Krankenstand, oft auch im Zusammenhang mit Urlaub – immer vor, immer im, immer nach dem Urlaub.

Muss die Führungskraft mit dem Mitarbeiter an solchen Themen arbeiten? Natürlich nicht – wenn sie es entweder schafft, dass der Mitarbeiter die Themen an einem anderen Ort klärt oder wenn sie selbst die Folgen (er)tragen kann: Denn Mitarbeiter, die regelmäßig krank sind bzw. Schmerzen oder Probleme haben, sind nicht am Arbeitsplatz – oft sogar physisch nicht, jedenfalls aber nicht mit Herz und Seele.

6.10.1. Dahinterstehende Theorie

Meine Erfahrung zeigt mir, dass scheinbar triviale Methoden, die der Schwere, Tiefe und Komplexität der Themenstellung so gerade gar nicht gerecht zu werden scheinen, wunderbar geeignet sind, um die Themen zwar ernst zu nehmen, ihnen aber auch gleichzeitig bewusst den Ernst zu nehmen, der unlösbare Schwere bewirken würde. Sobald wir spielerisch mit diesen Themen umgehen, ohne sie zu zerstören, nutzen wir die Leichtigkeit einer beinahe schon kindlichen Herangehensweise an Themen, mit der wir oft überraschende, jedenfalls aber erstaunliche Wirkung erzeugen.

1. Dynamisierung schafft neue Möglichkeiten und Beweglichkeit im Verhalten

Objekte können wir nicht verändern. Sie sind starr, sie haben kein Eigenleben. Wir können mit ihnen weder kommunizieren, noch in Wechselwirkung treten. Wir haben also nicht die Chance, uns mit ihnen gemeinsam zu verändern.
Anders bei Personen: Personen zeigen ein Verhalten, das aus deren Sicht Sinn macht. Verhalten erzeugt hier immer ein Gegenverhalten – und Verhalten in Wechselwirkung verändert die Möglichkeiten aller Beteiligten.
Wann immer wir daher die Möglichkeit haben, ein Thema, etwa eine „Krankheit", gegen die wir kämpfen, zu einer Person umzudenken, mit der wir in Verbindung, in Austausch, treten können, haben wir aus meiner Sicht bereits die halbe Miete bezahlt. Denn dann bringen wir Bewegung ins Thema – dann können wir überhaupt erst Bewegung ins Thema bringen.

2. Auseinandersetzung fördert die Selbstverantwortung

Kommunikation ermöglicht eine neue Beschreibung, Erklärung und Bewertung eines Tatbestandes – und kann auch zur Lösung von Problemen führen. Wer sich mit jemandem auseinandersetzt, erzeugt funktionierende Formen des Umgangs mit ihm und findet (wieder) Möglichkeiten, das Problem selbst zu lösen (es ist dann nicht mehr „außerhalb der eigenen Person").

3. Utilisation

„Erschieß nicht den Botschafter!" Das ist die Devise, wenn wir mit Milton Erickson auf die Thematik schauen.

Anstatt also den Botschafter „wegzumachen" (durch Ignorieren, Unterdrücken, Meiden, Medikamente) wird er bewusst genutzt: Was hat er zu sagen? Inwiefern ist er für mich wichtig? Wovor bewahrt er mich? Wie kann ich dafür sorgen, dass er nicht mehr (so oft) kommen muss, um mich zu warnen – oder zumindest in anderer Form kommen kann?

6.10.2. Der Ablauf

Die Personifizierung des Problems funktioniert so, dass der Mitarbeiter gebeten wird, dem Problem einen Namen zu geben, es quasi zu einer Person zu machen und ihn – als Höhepunkt des Gesprächs, also erst gegen Schluss hin – zu fragen, welche Botschaft ihm diese Person vermitteln möchte.

1. Themendefinition

Der Mitarbeiter schildert ein Symptom mit folgenden Kennzeichen:

- es kehrt immer wieder,
- kommt „von außen",
- erschwert ihm das Leben massiv,
- es gehört zu seinem Leben quasi schon „dazu"
- und er will es am liebsten „nur loswerden".

2. Auftrag

Der Vorgesetzte holt sich einen Auftrag und bittet den Mitarbeiter, einen Namen für dieses Symptom zu wählen (einen menschlichen Namen), der zum Problem dazupasst (etwa Helga oder Gustav). Es sollte ein Vorname sein, jedenfalls aber nicht der Vorname des Gegenübers.

Er wird dann eingeladen, diesen „Menschen", der als „Symptom immer wieder daherkommt", näher zu beschreiben: Ist es ein junger Mensch, vielleicht sogar ein Kind, oder ein alter Mensch? Ist er klein und schmächtig, oder groß, breit, übermächtig? Wie sieht er aus? Wie ist er gekleidet? Wie sieht er den Mitarbeiter typischerweise an? Als entscheidend erlebe ich auch immer wieder die Wahl des Geschlechts: Es macht meiner Erfahrung nach einen Unterschied, ob das „Problem" für den Mitarbeiter männlich oder weiblich ist.

Wenn erst einmal klar ist, wie Helen oder Anton aussieht, können wir einen nächsten Schritt gehen. Wir laden den Mitarbeiter ein, diesen Menschen zumindest eine kurze Zeit lang als einen Botschafter zu betrachten, der etwas zu sagen hat – der nicht immer wieder daherkommt, um uns zu ärgern und auf die Nerven zu gehen, um uns zu belasten, sondern vielmehr um uns auf etwas aufmerksam zu machen, das aktuell offensichtlich nicht ausreichend in unserem Bewusstsein verankert ist – wo wir aktuell nicht ausreichend auf uns selbst achten und sorgsam mit einem bestimmten Thema umgehen können.
Wir betrachten also das Symptom als Botschafter, der uns etwas Wichtiges zu sagen hat – der uns warnt, mit aller Vehemenz, mit physisch spürbarem Nachdruck, vor den Folgen, die eintreten werden, wenn wir nicht unsere Haltung, unser Denken, unser Verhalten verändern; und der nur dann kommen muss, wenn wir (noch) nicht bereit sind, unser Thema – das, um das es eigentlich geht (und das uns vielleicht noch gar nicht richtig bewusst geworden ist) – so zu bearbeiten, dass es uns gelingt, gut zu leben.

<u>3. Kriterien des Bilds und Kriterien des Optimalbilds</u>
Die Fragestellungen im Gespräch umfassen dann 3 Phasen (siehe Abbildung 37, nächste Seite).
In der ersten Phase stellt die Vorgesetzte alle möglichen Fragen zum Botschafter– fast wie ein neugieriges Kind. Allerdings geht es in dieser Phase keinesfalls darum, die Neugier des Coaches zu stillen, sondern

vielmehr darum, dem Mitarbeiter dabei zu helfen, Dynamiken zu verdeutlichen. Es geht darum, diesem Botschafter, dieser Person mit dem Namen XX, Gestalt zu verleihen und den Mitarbeiter dabei zu unterstützen, mehr über die Person herauszufinden. In dieser Phase gilt: Je exakter das Bild wird, das der Mitarbeiter zu seinem Botschafter entwickelt, desto besser. Es geht darum, Gesetzmäßigkeiten, Wiederholungen in den Begegnungen zu entdecken und die unangenehmen Situationen dadurch abschätzbar(er) zu machen.

In der zweiten Phase geht es darum, mit der Situation „ohne Botschafter" zu experimentieren – zu überlegen, wie das Verhalten genau aussehen, sich manifestieren sollte, damit der Botschafter nicht laufend Nachschau halten muss.

Die dritte Phase ist die aus meiner Sicht zentrale: Denn nun geht es um die Klärung der Botschaft: Warum ist der Botschafter überhaupt da? Was hat er zu sagen? Hier findet meist der große Dreh in diesem doch anspruchsvollen Gespräch statt. Denn die Botschaft des Botschafters schafft nicht nur „Abhilfe" bei den als unangenehm erlebten Symptomen, sondern sichert auch, dass er in der Zukunft nicht mehr „gezwungen ist", ins Leben des Mitarbeiters zu treten.

Abb. 37: **Fragestellungen in 3 Phasen**

1. Fragen zum laufenden „Erscheinen" des Botschafters

- Wie kommt dieser Botschafter mit Namen XX typischerweise daher? Kommt er schleichend, höflich anklopfend, tritt er die Tür Ihres Wohndomizils ein, wartet er schon im Bett auf Sie und verspricht Ihnen, dass Sie in der Nacht (wieder mal) kein Auge zutun werden?
- Wann kommt er typischerweise? Wie häufig? Wann – in welchen Situationen, Jahreszeiten, Daten, Tageszeiten, Wochentagen, kommt er seltener? Wann gar nicht?
- Seit wann kommt XX? Und wie entwickelt sich sein Erscheinen, sein Auftreten, Ihr Zusammentreffen seither?

- Wo kommt er häufiger, wo seltener, wo haben Sie ihn noch gar nicht getroffen?
- Wie läuft Ihre Begegnung regelmäßig ab? Was ist die Folge davon, d.h. wie reagiert XX auf Ihr Verhalten?
- Wie schicken Sie den Botschafter typischerweise wieder weg? Wie sorgen Sie dafür, dass er nicht wieder kommt, oder nicht so rasch wieder kommt?

2. Fragen zum geordneten „Ablösen" vom Botschafter

- Wenn Sie den Botschafter fragen würden: Was würde er sagen, dass Sie nachhaltig tun müssten, was müssten sie versprechen, damit er sich geordnet zurückziehen könnte?
- Angenommen, Ihr Botschafter hätte irgendwann einmal auch das Bedürfnis, auf Urlaub zu gehen und weit weg von Ihnen und seinem anstrengenden Job mal ein wenig auszuspannen: Welches Verhalten müssten Sie an den Tag legen, was wäre wichtig für Sie zu beachten, damit XX beruhigt auf Urlaub gehen kann und sich mal ein paar Tage Erholung gönnen darf?
- Wie könnte Ihr Jahr aussehen, in dem Sie XX nicht ein einziges Mal begegnen, in dem er gar nicht (mehr) kommen muss? Was ist daran grundlegend zu beachten?
- Worüber müssten Sie mit Ihrem Botschafter XX in einen guten nachhaltigen Dialog treten, worüber müssten Sie sich austauschen, was müsste zwischen Ihnen geklärt sein, damit Sie sich nicht mehr so oft „ungeplant treffen" müssen?
- Wie sieht denn Ihr Tag aus, an dem der Botschafter nicht kommen muss? Wie beginnt dieser anders? Wie geht er dann anders weiter? Wie endet er anders?
- Was sind die neuralgischen Punkte, weswegen der Botschafter XX immer wieder kommt oder sogar „dableiben muss"? Wie können Sie diese in Ihrem Leben ändern?
- Was ist der wichtigste Punkt in Ihrem Leben, der den Botschafter XX nachhaltig in Ihrem Leben hält?
- Was müssten Sie sich gönnen in Ihrem Leben, damit XX sich geruhsam zurückziehen kann, wissend, dass es Ihnen gut geht?

3. Fragen zur Schaffung von Nachhaltigkeit

- Angenommen, der Botschafter hätte eine Botschaft an Sie zu vermitteln, wegen der er immer wieder kommt (weil Sie einfach nicht gewillt sind, diese Botschaft zu hören oder entsprechend zu handeln): Welche Botschaft könnte das sein?
- Wie können Sie es schaffen, jeden Tag aktiv mit Ihrem Botschafter in Dialog zu treten, um den Tag sinnvoll zu planen – sodass er nicht mehr untertags „unvermutet" einfach kommen muss: Kann das unter der Dusche passieren, oder während des Frühstücks/ nach dem Frühstück, oder während der Fahrt ins Büro? Oder in den ersten Minuten, wenn Sie bereits im Büro angekommen sind? Worüber müssten Sie dann mit Ihrem Botschafter XX tatsächlich sprechen?

4. Planung des Lebens des Neuen

Zentral für den Erfolg des Coachings ist, dass der Mitarbeiter mit seinem Botschafter weiterarbeitet. Dies sollte im Gespräch so genau herausgearbeitet werden („Wann treffen Sie sich mit Ihrem Botschafter täglich?", „Wo findet der Dialog statt?", „Wie können Sie mit Ihrem Botschafter den Tag so durchsprechen, damit er ganz sicher nicht unverhofft zu Ihnen kommt?"), dass gar kein Zweifel daran besteht, dass die Dialoge stattfinden. Ich habe es in der Vergangenheit auch als sehr wichtig erlebt, insbesondere das erste Zusammentreffen nach dem Gespräch, den ersten Dialog am nächsten Tag, ausführlich vorzubereiten, damit dieser nicht „im Alltag vergessen wird". Meine Erfahrung dazu ist: Wenn dieser Dialog bereits im Gespräch sehr sachlich und ohne Spur von „Verrücktheit" vorbereitet ist, dann wird der Botschafter XX zu einem festen Bestandteil des Mitarbeiters, mit dem dieser auch Ehrenrunden gut besprechen und bearbeiten kann – und das kann er dann selbst – ganz alleine.

So ist auch mein Erlebnis mit einem CEO zu verstehen, der mir lange nach unserem Coaching zur Personifizierung des Symptoms in einem ganz anderen Zusammenhang erklärte: „Wissen Sie, das habe ich bereits mit Hans besprochen – und er hat mir gleich klar gemacht, dass ich eine solche Entscheidung keinesfalls sofort treffen sollte."

6.11. Symbolisierung mit Bausteinen oder Alltagsgegenständen

Gewöhnliche bunte Kinderholzbausteine oder (noch besser) Alltagsgegenstände, die sich in einem Meeting typischerweise auf dem Tisch (Wasserflaschen, Öffner, Kaffeetassen und Untertassen, Löffel, Zuckerdose, Servietten, Papier, Stifte, Aschenbecher etcetera) beziehungsweise im Zimmer des Mitarbeiters auf dem Schreibtisch befinden (etwa Büroklammern, Stifte, Papier, Gläser, Flaschen, Notizzettel, Brille) eignen sich hervorragend, um auch komplexere Beziehungen darzustellen und an diesen zu arbeiten, wie sie häufig in einem Team erlebt werden – und insbesondere auch dann angewendet zu werden, wenn es darum geht, Ansatzpunkte in nicht so ganz nachvollziehbaren Situationen zu schaffen.

Was wir hier im Coaching-Gespräch anwenden, tun wir im Prinzip auch immer schon im Alltag: Wenn wir etwa im Café den Hergang eines Unfalls beschreiben, dann bedienen wir uns dort einfach der kleinen Blumenvase auf dem Tisch, einem Salzstreuer und der Zuckerdose, um zu verdeutlichen, „von woher der vermeintlich Schuldige gekommen ist" und „wie nahe er am Auto des Opfers vorbeifuhr", bis er es schließlich streifte.

Verwenden wir bunte Holzbausteine, so können wir auch die Farben und die Form beziehungsweise Größe im Coaching bewusst nutzen, indem wir den Mitarbeiter darauf aufmerksam machen, dass es unterschiedliche Farben, Formen und Größen von Bausteinen gibt. Wir können sogar den Bausteinen Blickrichtungen geben, wenn diese Personen darstellen sollen – indem wir ihnen einfache runde Zweckform-Markierpunkte dort aufkleben, wo die Gesichter hinsehen sollen. Denn es macht für die Darstellung einen wesentlichen Unterschied, ob Personen, die im Thema eine Rolle spielen und nebeneinander stehen, einander ansehen oder sich voneinander abwenden. In Gesprächen mit Mitarbeitern ist es meiner Ansicht nach jedoch einfacher und nachvollziehbarer, Alltagsgegenstände zu verwenden.

1. Themendefinition und Auftrag

Die Symbolisierung mit Bausteinen oder Alltagsgegenständen eignet sich insbesondere für die Arbeit mit Mitarbeitern, die selbst wiederum Vorgesetzte sind; und natürlich auch für ein Eigencoaching, um Klarheit in oft „nebelhaft" erscheinende Situationen des eigenen Teams zu bekommen. Das Werkzeug sollte immer dann vorgeschlagen werden, wenn es darum geht, Ansatzpunkte in einer noch unklaren Verflechtung von Beziehungen in einem sozialen System zu finden – oder um das soziale System (Team, Unternehmen) daraufhin zu prüfen, ob die Konstellationen aus subjektiver Sicht des Mitarbeiters zu dessen gesetzten Zielen passen.

Nach der Themendefinition und der Klärung des Auftrags wird der Mitarbeiter aufgefordert, das eigene soziale System, um das es geht (ACHTUNG: Es sollte immer das eigene sein – in anderen hat ja der Mitarbeiter keine „Gestaltungsmöglichkeit"; er wird ganz sicher das Vorstandsteam nicht ändern, wenn er in der Produktion tätig ist!), mit Bausteinen (beziehungsweise Alltagsgegenständen) darzustellen – beginnend mit der eigenen Person. Außer den Menschen im sozialen System können auch noch Personen aus anderen Bereichen (etwa Kunden, Mitarbeiter an Schnittstellen oder andere miteinbezogene Hierarchien) mit dargestellt werden, wenn sie wichtig sind. Auch Hindernisse zwischen einzelnen oder Brücken des Verständnisses können im Bild „aufgestellt" werden. Dabei muss der Mitarbeiter nicht unbedingt begleitend zur Darstellung erzählen, was er tut; für den Vorgesetzten ist es irrelevant, ob das gelbe Dreieck bzw. die Wasserflasche nun Frau Huber oder Herrn Maier darstellen soll; und für wen das blaue Dreieck oder die Kaffeetasse steht.

Wichtig ist – und das gilt für das gesamte Gespräch –, dass die Vorgesetzte nicht in das Bild des Mitarbeiters eingreift, sondern immer nur darüber spricht, was hier dargestellt oder nicht dargestellt ist. Sobald das Bild aus Sicht des Mitarbeiters fertig dargestellt ist, wird es von der Vorgesetzten und vom Mitarbeiter gemeinsam beschrieben. Diese Beschreibung können wir aus verschiedenen Perspektiven vornehmen – aus der Vogelperspektive, von unten, von allen Seiten. Natürlich können wir in der Symbolisierung nicht Herrn Maier sehen, der sich zu wenig um die neue Mitarbeiterin Frau Huber kümmert – und auch nicht den Chef, der arrogant über alle hinwegblickt. Wir sehen eben nur Bausteine oder Alltagsgegenstände in unterschiedlichen Farben und Größen – und bei der Beschreibung der Anordnung und Konstellation dieser Bausteine/ Alltagsgegenstände zueinander sollten wir auch bleiben.

Danach fragen wir den Mitarbeiter nach seiner Befindlichkeit zum Symbolisierten:

- Was sagt dieses Bild für Sie aus?
- Was stört Sie?
- Was gefällt Ihnen?
- Was möchten Sie ändern?
- Was soll gleich bleiben?

Übrigens: In dieser Phase ändert der Mitarbeiter noch nichts an seiner Symbolisierung, sondern spricht lediglich über aus seiner Sicht potenzielle Veränderungsmöglichkeiten!

2. Optimalbildgestaltung und Kriterien des Optimalbilds sowie Standortbestimmung

Nun geht es darum, Schritt für Schritt das soziale System so umzustellen, dass es dem Optimalbild des Mitarbeiters möglichst entspricht. Es geht dabei in diesem Konzept darum, mit dem ersten (wichtigsten, einfachsten, dringlichsten – jedenfalls nun ersten) großen Schritt zu starten, um wieder ein „Funktionieren" in das Team zu bringen.
Der Mitarbeiter – nicht die Vorgesetzte! – stellt das soziale System nun also so um, wie es ihm gemäß seiner Lösungsfokussierung als sinnvoll erscheint. Er baut dabei bewusst nicht das gesamte System neu auf (denn das würde ja wahrscheinlich nicht seinen Möglichkeiten in der Praxis entsprechen) – sondern er baut das System Schritt für Schritt nach seinen persönlich wahrgenommenen Handlungsoptionen um; beginnend bei jener ersten Handlung, die auch als erstes gesetzt werden müsste, um das Ziel zu erreichen, dann weiter gehend mit dem nächsten logischen Schritt, etcetera. Hier tut die Vorgesetzte häufig gut daran, sich die Handgriffe („dieser Rote hier muss weiter nach links zu den Blauen da drüben"; „das Salzfass ist viel zu präsent; das sollten die anderen

näher zu sich holen" etcetera) aufzuschreiben. Wenn der Mitarbeiter „fertig umgestellt hat", dann sollten Sie als Vorgesetzte eine Liste aller Schritte vom ersten bis zum letzten auf Ihr Blatt aufgeschrieben haben.

3. Planung des Lebens des Neuen

Nun unterstützt die Vorgesetzte den Mitarbeiter dabei, die einzelnen Umstellungshandlungen in den Unternehmensalltag „zu übersetzen": „Wenn Sie den Roten zu den Blauen hinüberstellen, was bedeutet das übersetzt auf Ihre aktuelle Situation im Büro?": Schritt für Schritt werden alle mitnotierten Handlungen in den Alltag des Mitarbeiters „transferiert".

7. Spezielle Gesprächskonzepte für spezielle Situationen

Wenn es um spezielle Situationen geht – etwa einen Konflikt, eine Situation, in der Sie nur wenige Minuten Zeit haben (und dennoch auf die Themen des Mitarbeiters gut eingehen wollen), oder Sie einen Mitarbeiter erfolgreich in seiner ersten Zeit begleiten wollen, eignen sich spezielle Gesprächsabläufe, die ich im Folgenden darstelle.

7.1. Relationales Apprenticeship

Im Relationalen Apprenticeship geht es darum, dass der (neue) Mitarbeiter das konkret „erwünschte" Verhalten, den „qualitativen Rahmen im Unternehmen" von Ihnen als Vorgesetzte erlebt und daraus eigene Vorgangsweisen ableitet, d.h. auch aus früheren Systemen bekannte Vorgangsweisen „entlernt" und durch neue ersetzt – wobei das Tool von der Führungskraft auch für das eigene Lernen genutzt werden kann. Zum Ablauf siehe die folgende Abbildung.

Abb. 38: **Ablauf/ Inhalt des Relationalen Apprenticeships**

1. **Auswahl der „Events":** Die Führungskraft lädt den Mitarbeiter anhand seines Terminkalenders zu jenen „Events" ein, bei denen Vorgangsweisen gelernt werden sollen: wichtige persönliche Gespräche, Telefonabstimmungen und „Calls", Teammeetings, Verhandlungen etc.

2. **Hören & Notieren:** Der Mitarbeiter ist dort „stumm dabei" (bei Calls: Lautsprecher verwenden!) und macht für sich Notizen:

- Was lerne ich daraus?
- Was würde ich anders machen?
- Welchen nächsten Schritt der Weiterentwicklung leite ich daraus ab?

3. **Nachbesprechung:** Unmittelbar nach dem Event (!) nimmt sich die Führungskraft 10 Minuten Zeit, um mit dem Mitarbeiter dessen Notizen zu besprechen, Vorgangsweisen zu verabschieden, aber auch ein eigenes Resumée zu ziehen („Was ist mir in diesem Gespräch klar geworden?").

Meiner Erfahrung nach ist die Nachbesprechung zentral für den Erfolg des Instruments: Nur dann kann gesichert werden, dass der Mitarbeiter sofort das Erlebte auf die eigene Situation transferiert und daraus ein persönliches, für ihn passendes Verhalten ableitet.

7.2. Hot Shot – Coaching

Hot Shot – Coaching ist immer dann die ideale Methode, wenn ein dringendes Thema ansteht, aber einfach zu wenig Zeit besteht, um das Thema „in Ruhe" angehen zu können. So ist es ein „Blitz-Lösungs-Gespräch" für Themen, die typischerweise zwischen Tür und Angel angesprochen werden.

Ein Hot Shot – Coaching dauert ca. 10 – max. 15 Minuten. Im Unterschied zu „herkömmlichen" Gesprächen hat jedoch dieses Gespräch einen stark verkürzten Coaching-Ablauf und setzt sich zum Ziel, dass auch in Stress-Situationen der Mitarbeiter „denkt" und nicht die Vorgesetzte – und nur offene Fragen gestellt werden (siehe Abbildung 39 auf der nächsten Seite).

7.3. Relationales Mentoring

Relationales Mentoring hat nichts mit dem klassischen „Mentoring" zu tun, das Sie aus verschiedenen Büchern der Management-Literatur oder aus den „Mentoring-Programmen" Ihres Unternehmens kennen. Dort wird nämlich typischerweise davon ausgegangen, dass im Mentoring „Erfahrung" weitergegeben wird – mit der Grundannahme, dass sich diese einfach auf unterschiedliche Systeme übertragen ließe. Und so macht der CEO „Mentoring" mit dem Trainee, eine Führungskraft aus einem Unternehmen ein „Mentoring" mit einem Studenten oder eine herausragende Persönlichkeit ein „Mentoring" mit dem Gewinner eines Preisausschreibens, um diesen „für seine Zukunft fit zu machen".

Abb. 39: **Der Ablauf des Hot Shot – Coachings**

Situation beschreiben **1 Minute (gegebenenfalls abkürzen!)**	■ Worum geht´s? ■ Was steht an? ■ Was führt Sie zu mir? ■ Was gibt´s?

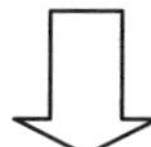

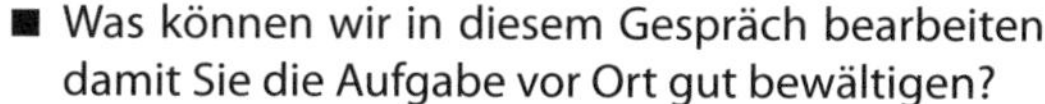

Die gewünschte Unterstützung festlegen **2 Minuten**	■ Was können wir in diesem Gespräch bearbeiten, damit Sie die Aufgabe vor Ort gut bewältigen? ■ Und was können wir besprechen, damit Sie das Problem gut lösen können?

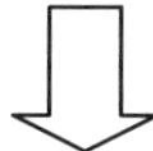

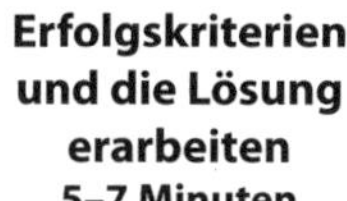

Erfolgskriterien und die Lösung erarbeiten **5–7 Minuten**	■ Welche Möglichkeiten haben Sie denn, um das Problem zu lösen? Und was ist eine Möglichkeit, an die Sie noch nicht gedacht haben? ■ Woran würden Sie erkennen, dass Sie eine gute Lösung gefunden haben? ■ Was sind wichtige Kriterien, die Ihnen aufzeigen, dass Sie erfolgreich waren? ■ Was sind aus Ihrer Sicht Eigenschaften einer guten Lösung/ einer guten Erledigung der Aufgabe/ einer guten Bewältigung der Situation? ■ Angenommen, Sie hätten eine gute Idee zur Lösung: Was könnten Sie aktiv tun, um die Lösung wieder kaputt zu machen? ■ Wie würde Ihr bester Kollege handeln?

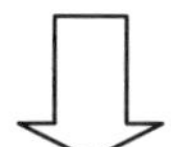

Maßnahmen erfragen **1–2 Minuten**	■ Welche ersten Schritte werden Sie jetzt setzen?

Um es auf den Punkt zu bringen: Für mich bedeutet Mentoring eben gerade nicht, jemandem „Tipps und Tricks" aus der eigenen Erfahrungs-Schatzkiste weiterzugeben (die meist für ein anderes System, selbst für eine andere Abteilung des gleichen Unternehmens (!) überhaupt nicht passen), und auch nicht, dem Mentee einen informellen „guten Draht zu wichtigen Persönlichkeiten" einzurichten, sondern vielmehr, den Mentee möglichst gut in die bestehende Kultur zu integrieren und von Beginn weg mit möglichst wenig Aufwand zu sichern, dass er sich tunlichst „innerhalb des Rahmens bewegt", die „Brand" des Unternehmens sichtbar und durchgängig lebt und in so wenige Fettnäpfchen wie möglich tritt: Denn der Rahmen ist verbindlich, er ändert sich nicht mit dem neuen Mitarbeiter; und der Mitarbeiter soll von Beginn weg in seinem System (seinem Team) erfolgreich sein dürfen.

Abb. 40: **Ablauf des Relationalen Mentoring**

1. **Themendefinition:** Die Führungskraft definiert in der Priorität der Wichtigkeit für jeden Termin im Voraus ein Thema, das komplett durchgearbeitet wird (z.B. „Umgang mit Kunden im Erstkontakt" oder „CI im Email-Verkehr").

2. **Einbringen von Meilensteinen im Prozess:** Die Führungskraft bringt dabei den Status Quo aller ihr wichtigen Meilensteine ein (immer wissend: Alles, was festgelegt wird, wird zwar genau so umgesetzt, kann sich aber auch nicht weiterentwickeln) – hört sich aber Alternativen des Mitarbeiters an, die auch zu einer Veränderung des aktuellen Rahmens führen können.

3. **Verabschiedung des Prozesses:** Verabschiedet werden Prozesse/ Vorgehensweisen, die jedenfalls für die Führungskraft passen – nicht zwingend Kompromisse!

Relationales Mentoring wird also dann angewendet, wenn die Führungskraft die Gestaltung einer Aufgabe/ bestimmte Abläufe und Kernprozesse eben nicht der freien Verantwortung des Mitarbeiters überlassen will bzw. kann, sondern eigene Vorlieben bzw. „funktionierende Meilensteine" in das Konzept des Mitarbeiters einbauen will.

Relationales Mentoring findet so immer und ausschließlich zwischen Vorgesetztem und Mitarbeiter statt, um die sinnvolle Verwendung der systemgebundenen (!) Erfahrungen zu wahren – und niemals wie im „klassischen Mentoring" zwischen irgendwelchen Personen. Dabei versteht es sich als ein geplanter Prozess, der regelmäßig (z.B. 1 x wöchentlich bei neuen Mitarbeitern) stattfindet (siehe Abb. 40).
Auf diese Weise können neue Mitarbeiter sehr rasch „entlernen" bzw. neue Führungskräfte sehr stark einen Turnaround im Team bewirken. Es darf dabei durchaus „voneinander gelernt" werden!

7.4. Relationales Konfliktcoaching®

Während wir im klassischen Coaching bestimmte Situationen gestalten, steht im Relationalen Konfliktcoaching® die Arbeit an der Beziehung mit anderen Menschen im Vordergrund (siehe auch Abb. 41, S. 156).

Mit dem Relationalen Konfliktcoaching® ging es mir darum, ein Instrument zu entwickeln, das

- möglichst simpel anzuwenden ist,
- sich auch und vor allem für die Lösung alltäglicher Konflikte am Arbeitsplatz eignet,
- sich gut und natürlich in die Alltags-Führungssprache integriert (also eher einem Gespräch als einer Beratung entsprechen soll)
- und vor allem auch dann anwendbar ist, wenn nur einer der Konfliktpartner aktiv an der Lösung des Konfliktes arbeiten will.

Das Instrument des Relationalen Konfliktcoachings®, das dabei entstand, eignet sich optimal für Vorgesetzte, die keine Mediation machen wollen oder können. Es baut auf den Grundlagen Relationalen Coachings auf und ist bewusst einfach und leicht anwendbar gestaltet:
Relationales Konfliktcoaching® **ist ein Einzelgespräch, das mit einem der Konfliktpartner stattfindet** – mit dem Ziel, einen akuten oder schlummernden Konflikt zu lösen.

Abb. 41: **Unterschiede zwischen Relationalem Konfliktcoaching und Coaching**

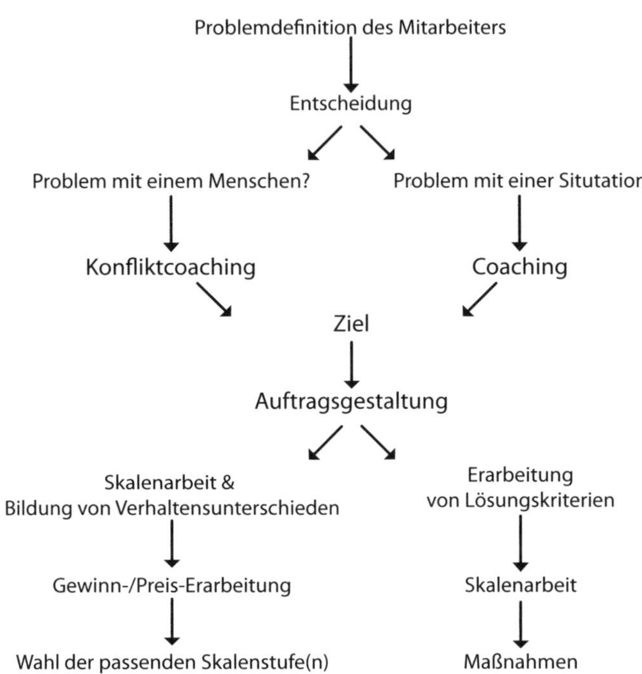

Und das repräsentiert auch den typischen Fall, den ich in Führungsbeziehungen immer wieder erlebe:
Entweder ist nur einer der Konfliktbeteiligten „greifbar" – oder es erlebt überhaupt nur einer der Beteiligten einen Konflikt. Was bleibt dann anderes übrig, als genau mit dieser Person zu arbeiten, die gerade da ist und den bestehenden Konflikt schildert? Dabei sollte nicht (nur) die Vorgesetzte, sondern am allermeisten der Mitarbeiter Interesse daran haben, dass der Konflikt gelöst wird. Eine wichtige und grundlegende Frage sollte also gestellt werden, bevor eine Vorgesetzte ein Relationales Konfliktcoaching® durchführt: Wer hat am allermeisten Interesse daran,

dass der Konflikt bearbeitet wird? Und diese Frage sollte immer frank und frei mit „der Mitarbeiter“ beantwortet werden (und nicht etwa mit „ich selbst als Führungskraft“).

Wichtig ist mir in diesem Zusammenhang, dass das Relationale Konfliktcoaching® tatsächlich in Konflikten angewendet wird – und nicht etwa dann, wenn die Prozesse an den Schnittstellen nicht funktionieren. Schildert der Mitarbeiter Letzteres, dann hat er ja keinen Konflikt mit der Person, sondern der „Einkauf“ bzw. der „Verkauf“ an der Schnittstelle (Radatz, 2013) ist nicht geeignet, um die von ihm zu erbringenden Resultate zu erzielen. Und dann ist aus meiner Sicht kein Relationales Konfliktcoaching® angebracht, sondern ein sofortiges Gespräch mit den beiden an der Schnittstelle Beteiligten, um den Prozess sofort so zu kitten bzw. so zu gestalten, dass die Ergebnisse wieder erbracht werden können. Denn ansonsten hat der Mitarbeiter allen Grund zu sagen, „Ich würde ja gerne meine geforderten Ergebnisse erbringen – aber ich kann leider nicht!“.
Relationales Konfliktcoaching® eignet sich also aus meiner Sicht vorrangig für „persönliche“ Themen, die jemand mit einem anderen Mitarbeiter im Unternehmen hat. Und da es ja aus Relationaler Sicht keine „richtigen“ oder „falschen“ Handlungen gibt – nur solche, die sich zu einem gegebenen Zeitpunkt für ein spezifisches System (etwa ein Team, ein Unternehmen, eine Führungsbeziehung, eine Projektgruppe) als gangbar oder eben nicht gangbar erweisen – muss jede Lösungsvariante Sinn für die Betroffenen machen, und nicht für die Vorgesetzte. Die Vorgesetzte hat auf diese Weise im Relationales Konfliktcoaching® nicht die Rolle des Schiedsrichters oder Bewerters, auch nicht des Entwicklers von Lösungen (denn diese wären ja nur aus ihrer Sicht passend); sondern **sie begleitet den Mitarbeiter dabei, selbst passende Lösungen zu finden.**

Viele Menschen, die mit Konfliktarbeit zu tun haben, gehen davon aus, dass das Ziel in der Arbeit an Konflikten immer „Harmonie“ ist. Dass dem aber gar nicht so sein muss, habe ich in meiner langjährigen Arbeit mit Vorgesetzten und selbst als Vorgesetzte erlebt: Gerade im Beruf scheint „Harmonie“ nicht immer das Gelbe vom Ei zu sein. Und aus der Frage, wie Vorgesetzte optimal mit der Bearbeitung von Konflikten umgehen können – so, dass ein für den betroffenen Mitarbeiter optimales Ergebnis entsteht – entwickelte ich das Instrument des Relationalen Konfliktcoachings®.

Worum geht es dabei?
Nun, im Gegensatz zur „Konfliktlösung“ geht es hier darum, einen spielerischen Umgang mit einem erlebten Konflikt zu erarbeiten. Und das Besondere am „Relationalen Konfliktcoaching®“ ist: Das Instrument funktioniert auch dann, wenn nur einer der am Konflikt Beteiligten oder vom Konflikt Betroffenen an Veränderungen arbeiten möchte; und das ist eine Situation, die ich auch häufig im Führungskontext erlebe: Nicht nur, dass oft nicht mehr als eine Person Lust hat, an einem erlebten Konflikt zu arbeiten; häufig erlebt auch nur eine Person einen Konflikt; und damit können wir Mediation als Instrument grundlegend ausschließen. Relationales Konfliktcoaching® sollte also insbesondere einem betroffenen Konfliktpartner helfen, mit dem bestehenden Konflikt spielerisch umzugehen.
Dafür ist es aus meiner Sicht notwendig, den Spieleinsatz und den Spielgewinn für die unterschiedlichen Spielarten kennenzulernen, um damit optimal umgehen zu können.
Nichts anderes tun wir im Relationalen Konfliktcoaching®: Wir unterstützen den Mitarbeiter dabei, verschiedene persönliche Verhaltensweisen in Beziehung zu den entsprechenden Verhaltensweisen anderer (Mit-) Beteiligter zu setzen und zu prüfen, welchen Gewinn beziehungsweise Preis der Mitarbeiter aus dem Verhalten ziehen würde – wenn er das Verhalten tatsächlich setzte.

Ich gehe dabei davon aus, dass gemäß meinem Relationalen Denken unsere Welt auf Beziehungen aufbaut. Was meine ich damit? Dass unser

Verhalten stets ein bestimmtes Gegenverhalten auf den Plan ruft und wir bei entsprechendem Verhalten auch wieder entsprechendes Verhalten ernten (siehe auch die Abb. S. 13, S. 65).
Oder anders ausgedrückt: So wie wir in den Wald hineinrufen, so schallt es auch wieder heraus. Damit leben wir auch im Alltag recht gut – bloß warten wir allzu häufig darauf, dass „die anderen rufen". Im Relationalen Konfliktcoaching® gehen wir aktiv an die Bearbeitung unserer Verhaltensmuster heran: Wir gehen stets von uns selbst – von unserem eigenen Verhalten – aus und verändern dieses gedanklich, spielerisch; und überlegen davon ausgehend, welches Verhalten wir dadurch bei anderen erzielen könnten.

Im Relationalen Konfliktcoaching® geht es uns also darum, die Dynamik unseres Verhaltens in Wechselwirkung mit dem Verhalten anderer bewusst zu machen. Es zwingt uns dabei ganz und gar nicht, zu handeln – aber meiner Erfahrung nach schafft bereits das Bewusstsein über diese Zusammenhänge ganz neue und vor allem mehr Handlungsmöglichkeiten: Es führt uns aus dem Schwarz-Weiß-Denken zwischen „Konflikt" und „Lösung" auf das Terrain der tausend Möglichkeiten, auf dem wir ein unendliches Spektrum an Handlungsvarianten anwenden können – vorausgesetzt, wir können mit dem „Preis" leben, dem jeweiligen Nachteil, den wir dafür in Kauf nehmen müssen. Bei jeder Entscheidung haben wir Vorteile und Nachteile, oder anders gesagt: Jede Medaille hat zwei Seiten, es gibt so selten einen Gewinn ohne Preis!

Unser Handlungsspektrum können wir danach einteilen, wie groß der Gewinn beziehungsweise der Preis (Aufwand) ist, den wir benötigen, um die Handlung herzustellen. Meine Erfahrung dabei ist: Je höher der Nutzen, den wir aus einer Handlungsalternative haben, desto größer ist meist auch der Aufwand, den wir dafür investieren müssen. Um dies zu verdeutlichen, stelle ich die Skala beim Relationalen Konfliktcoaching® auch gerne horizontal dar; aber nicht nur deshalb, sondern auch um zu verdeutlichen, dass es mir bei der Skalenarbeit im Relationalen Konfliktcoaching® eben nicht darum geht, mit dem Mitarbeiter „in Richtung 10" zu arbeiten, weil 10 den „besten" Wert darstellt, sondern darum, eine Entscheidung für eine mit einem Skalenwert verbundene Handlung zu treffen, die vom Mitarbeiter subjektiv als adäquat und passend zur augenblicklichen Situation gewählt wird (siehe folgende Abbildung).

Abb. 42: **Aufwand-/ Nutzenverhältnis entlang der verschiedenen Skalenstufen**

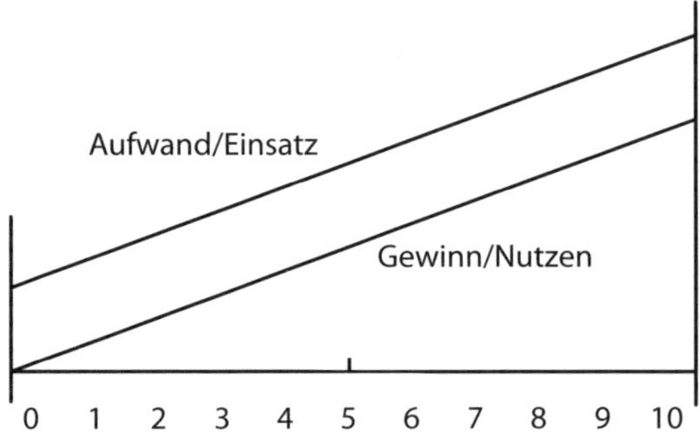

Wie hier dargestellt, ist selbst bei einer Handlungsalternative, die vom Mitarbeiter beim Skalenwert Null eingereiht wird, stets ein Aufwand erforderlich. Warum? Weil es aus meiner Sicht immer Energie braucht, um einen Konflikt oder ein erforderliches Miteinander zu verändern beziehungsweise aufrecht zu erhalten. Jedes Feuer braucht Sauerstoff, um zu brennen oder am Lodern zu bleiben; irgendetwas müssen wir aktiv tun, mit Handlungen in Vorlage treten, um eine bestimmte Reaktion zu erhalten, die zu einem bestimmten erlebten „Gesamtzustand" führt, welcher wiederum ein bestimmtes neues Handlungsspektrum unsererseits begünstigt.

Um es deutlich zu formulieren: Natürlich können wir nie im Voraus wissen, welche Handlungen der andere in Reaktion auf unsere Handlungen setzen wird. Aber wir wissen meist recht gut, wie wir bestimmte Handlungen begünstigen können. Und genau dieses Wissen, diese Erfahrungen nutzen wir im Relationalen Konfliktcoaching®. Ziel des Gesprächs ist die bewusste Entscheidung für eine bestimmte, maßgeschneiderte Konfliktstrategie unter Berücksichtigung von Gewinn und Preis – nicht unbedingt eine „Lösung des Konflikts".
Das kann meiner Erfahrung nach durchaus so aussehen, dass ein Mitarbeiter entscheidet, sich die nächsten zwei Wochen konsequent „auf 7" zu verhalten, um dann erst sein „9er-Verhalten" anzuwenden. Oder es mit dem „4er-Verhalten" zu versuchen und bei Nichtfunktionieren sofort zum „1er-Verhalten" zu wechseln, solange, bis ein „4er-Verhalten" aus seiner Sicht wieder möglich ist.
Die zentrale Aufgabe der Vorgesetzten im Relationalen Konfliktcoaching® besteht darin, die Handlungsmöglichkeiten samt Reaktionserwartungen und den darauf folgenden eigenen Reaktionsmöglichkeiten sauber herauszuarbeiten; und den damit jeweils verbundenen Gewinn („Was haben Sie davon?") sowie den Preis („Was müssen Sie dafür investieren?"). Wie bereits beim gewöhnlichen Coaching-Ablauf dargestellt, bauen die Handlungsmöglichkeiten auf den einzelnen Skalenstufen nicht aufeinander auf: Sie stellen verschiedene Entscheidungs- nicht Entwicklungsalternativen dar. Entsprechend fragen wir auch nicht, „Was können Sie tun, um auf der Skala von 3 auf 4 zu kommen?", sondern „Was tun Sie auf 4, was Sie auf 3 nicht tun?" (also: „Mit welchen Handlungen treten Sie bei 4 in Vorlage, die Sie bei 3 nicht setzen?")

Das hier vorgestellte Modell braucht etwa 50 Minuten Zeit (siehe Abbildung 43, nächste Seite). Bei kleinen Konflikten kann seine Anwendung auch weniger Zeit in Anspruch nehmen. Anders als bei einer Mediation empfehle ich unbedingt, das gesamte Modell in einem durchzugehen und niemals einen Teil auf einen nächsten Termin zu verlegen.

Abb. 43: **Ablauf des Relationalen Konfliktcoachings***

Konflikt schildern **1 Minute**	■ Worum geht´s? ■ Wer tut was im Konflikt?

Skalenfrage **3 Minuten**	Auf einer Skala von 0–10, wenn 0 den bislang schlimmsten bisher in diesem Konflikt erlebten Zustand beschreibt, und 10 Ihr Optimalbild. Was machen Sie genau bei 10?

Derzeitiger Skalenwert **1 Minute**	Und wo stehen Sie gerade jetzt auf dieser gleichen Skala?

Angestrebten Wert auf der Skala festlegen **10 Minuten**	■ Welchen Punkt auf der Skala wollen Sie denn in diesem Konflikt nachhaltig leben? ■ Und was tun Sie genau, wenn Sie diesen Wert erreicht haben? ■ Und wenn Sie das tun, was tut dann Ihr Konfliktpartner ander(e)s? ■ ... und was Sie wiederum?

Verhaltens-untetschiede bilden **5 Minuten**	■ Was tun Sie, wenn Sie um einen Punkt höher stehen, was Sie jetzt (noch) nicht tun? ■ Und wenn Sie das tun, wie verhält sich dann der andere anders? ■ Und wenn der andere sich anders verhält, wo stehen Sie dann auf der Skala? (für viele Punkte der Skala genau durchgehen)

Entscheidung **10 Minuten**	Für ein Szenario unter Einbeziehung des dafür zu bezahlenden Preises und Gewinnes, z.B. „Ich verhalte mich die kommenden drei Wochen konsequent auf 7. Wenn der andere sich nicht anders verhält, wechsle ich auf 2 und bleibe dort, bis von der anderen Seite Angebote kommen."

Maßnahmen **5 Minuten**	■ Was tun Sie (ab) morgen konkret (anders)? ■ Wie bleiben Sie in Ihrer Konfliktstrategie konsequent dran?

Denn bei der Arbeit an einer Konfliktlösung haben wir es nicht mit „trivialen Maschinen“ zu tun, die wir auseinandernehmen, liegen lassen und später unversehrt wieder zusammensetzen können wie etwa einen Radioapparat; sondern wir haben es mit Menschen zu tun, die, wenn ein Teil des Gesprächs auf einen späteren Zeitpunkt verschoben wird, gedanklich an der Lösung weiterarbeiten, sodass wir zu einem späteren Zeitpunkt immer wieder vor einer neuen Situation stehen und von vorne beginnen dürfen.

7.5. Die Verwendung von Coaching-Partikeln im Alltagsgespräch

Nicht immer erscheint es mir effizient, ein ganzes Coaching-Gespräch zu führen; oder anders formuliert:
In vielen Gesprächssituationen einer Vorgesetzte mit Mitarbeitern reicht bereits die Anwendung einzelner „Coaching-Partikel“ aus, um eine effektive Veränderung der Kommunikation beziehungsweise Hilfestellung im Gespräch mit anderen zu erreichen.

7.5.1. Von der Besprechung anstehender „Probleme“ zur Frage nach dem Optimalzustand

Vielfach werden im Gespräch Probleme diskutiert – und leider oft so lange, bis das Thema zerredet wird, Konflikte zwischen den Gesprächspartnern entstehen oder beide Gesprächspartner „im Problemsee schwimmen“. Aber nicht nur das: Aus Relationaler Sicht bringt es nichts, über das Problem zu sprechen, wenn etwas „anderes“ gelebt werden soll; denn selbst wenn jeder Teil des Problems penibel angegangen und „gelöst“ würde, stünde der Mitarbeiter mitnichten in seinem Optimalszenario: Das Ganze ist nun mal anders als die Summe seiner Teile!

Hier stellt die Frage nach dem Optimalbild („Wie sieht Ihr Optimalbild in dieser Frage/ Situation aus?“) ein einfaches Tool dar – und die Frage hilft sehr schnell, um zu einem ganz „anderen" Verhalten zu kommen. Wichtig ist: Bleiben Sie bei dieser Frage, auch wenn der andere ausweicht. Lassen Sie sich nicht beirren. Stellen Sie die Frage und warten Sie dann so lange, bis diese beantwortet wird. Und wenn sie nicht beantwortet wird? Macht nichts – dann stellen Sie die Frage eben nochmals (und ein drittes Mal...).

7.5.2. In jedem Gespräch: Auftrag holen

Wir sprechen oft unfokussiert und arbeiten an einer Lösung, von der unser Gesprächspartner nicht selten am Ende des Gesprächs sagt, „Eigentlich wollte ich gar nicht über dieses Thema sprechen – aber es war trotzdem nett, dass Sie sich Zeit genommen haben...".
Daher ist die Frage nach dem „psychologischen Auftrag" im Sinne einer klaren Richtungsgebung des Gesprächs sehr wichtig – und diese kann beziehungsweise sollte meines Erachtens in jedem Gespräch/Meeting angewendet werden: „Und was können wir hier besprechen, damit sich das Gespräch für Sie gelohnt hat?

7.5.3. Den Mitarbeiter selbständig arbeiten lassen – mit Relationalen Fragetechniken

Viele Vorgesetzte gehen mit tausend „Affen" auf den Schultern nach Hause, weil sie pausenlos für ihre Mitarbeiter denken und sich die Lösungssuche zu den anstehenden Themen ihrer Mitarbeiter auf ihre Schultern laden. Relationale Fragetechniken – in JEDER BELIEBIGEN SITUATION angewandt – helfen, Selbstverantwortung beim Gesprächspartner aufzubauen und die Themen dort zu belassen, wo sie bearbeitet werden sollten: Bei dem, der das Ergebnis braucht. Auf diese Weise kommen wir effektiv aus dem Teufelskreis des ewigen aktiven Antwort Gebens heraus und begeben uns in die Rolle des zurückhaltenden Sparringpartners; des Kellners, der Sinnvolles anbietet, aber den Gast nicht zwingt, das Lieblingsgericht des Kellners zu bestellen.

7.5.4. Schweigen

Ich erlebe recht durchgängig ein unausgesprochenes Kulturmerkmal: Wenn wir schweigen, beginnt der andere zu reden. Und wenn der andere sich zurücklehnt und sichtbar loslässt, beginnen wir aktiv zu werden. Lehnen Sie sich als Vorgesetzte zurück und stellen Sie Fragen, dann bringen Sie den anderen unmissverständlich in die Position, Antworten finden zu müssen.

Reden ist also Silber, Schweigen ist Gold – der Ausspruch von Ludwig Wittgenstein lässt sich meiner Erfahrung nach sehr gut in der Praxis nutzen. Wer nach dem Stellen einer Relationalen Frage den Mund schließt und in Gedanken bis 500 zählt (solange, bis der Gesprächspartner antwortet), hat die halbe Miete schon auf dem Konto: Er ermöglicht seinem Gesprächspartner, nachzudenken, und sichert, dass dieser seine Denkmaschine, seinen Motor „anlässt".
Aber auch in jeder anderen Situation ist Schweigen immer dort angebracht, wo wir von unserem Gesprächspartner eine Antwort erwarten: Denn in unserem Kulturkreis ist es üblich, zu sprechen, wenn der andere schweigt. Wenn wir also dem anderen einen optimalen Rahmen „zum Sprechen, Ideen entwerfen oder Lösungen überlegen" bieten wollen, sollten wir ganz einfach schweigen.

7.5.5. Skalenfragen

„Auf einer Skala von 0–10, wenn 0 = (schlechtester Wert) und 10 = (Ihr Optimalbild) ist, wo stehen Sie gerade jetzt? Und was tun Sie auf 10, was Sie auf (derzeitige Stufe) nicht tun?" Diese Frage steht im Zentrum der Skalenarbeit von Steve de Shazer. Es geht dabei eben nicht um die Frage, wie der Gesprächspartner VON der Stufe 1 ZUR Stufe 2 kommt, sondern was er auf Stufe 10, wenn er sein Optimalbild lebt, tut, das er auf der aktuellen Stufe 2 eben nicht tut. Es geht also darum, Unterschiede zwischen verschiedenen Entscheidungsszenarien herauszuarbeiten.

Skalenfragen eignen sich immer dann, wenn wir mit gewöhnlichen Fragen nicht weiterkommen. Oder wenn es darum geht, beim Gesprächspartner eine rasche Einschätzung der Situation zu erreichen.
Wird eine Skalenfrage als Coaching-Partikel in einem ganz gewöhnlichen Gespräch gestellt, sollte sie gut vorbereitet werden – etwa mit der Einleitung: „Ich hätte da eine Frage, die Ihnen vielleicht komisch vorkommt... aber mir hilft sie immer, eine rasche und hilfreiche Einschätzung meiner derzeitigen Situation zu erarbeiten. Hätten Sie Interesse, dass ich sie Ihnen stelle?"

7.5.6. Welche Frage sollte ich Ihnen als nächstes stellen?

Mitarbeiter im Denkprozess wissen meist sehr gut, mit welcher Frage sie sich als Nächstes beschäftigen sollten. Warum also nicht sich als Vorgesetzte zurücklehnen, sich das Leben so einfach wie möglich gestalten und fragen, „Welche Frage sollte ich Ihnen als Nächstes stellen, damit Sie gut weiterkommen?". Diese Frage können wir – ein wenig verändert – auch in jedem Gespräch anwenden, in dem wir das Gefühl haben, anzustehen; zum Beispiel in folgender Form:
„An welchem Thema sollten wir denn nun weiterarbeiten, damit das Gespräch für Sie hilfreich wird (bleibt)?"

8. Hilfreiche Selbstcoaching-Konzepte

Welchen Wert Selbstcoaching für uns haben kann, hängt wie beim Coaching anderer Menschen maßgeblich davon ab, für welche grundsätzliche Lebenshaltung wir uns entscheiden. Auch hier können wir zwischen der sogenannten Guckloch-Haltung und der Relationalen Haltung wählen. Aussagen wie „Die Situation ist eben so", „Das erfordert der Markt" oder „Da kann ich nun auch nichts ändern" oder „Ich würde ja gerne, aber…" sind in unserer traditionellen Arbeitswelt sehr weit verbreitet und deuten auf eine ausgeprägte Guckloch-Haltung hin.

Um also überhaupt „Selbstcoaching" als sinnvoll für uns zu entdecken, müssen wir grundsätzlich davon ausgehen, dass auch wir selbst verschiedene Perspektiven einnehmen können und unterschiedliche Wege erfolgreich sein können (siehe Abbildung 44).

Abb. 44: **Das Reflexions-Rad (nach H. Maturana)**

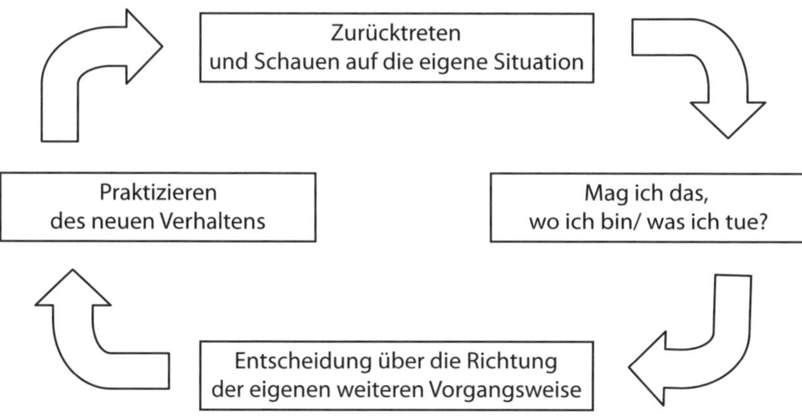

8.1. Ein Erklärungsmodell zur Entstehung und Veränderung unserer persönlichen Strukturen

Ich gehe mit Jean Piaget (Piaget, 1976: 17) konform, dass jeder Mensch mit einer bestimmten Struktur zur Welt kommt, einem Schema beziehungsweise Denkraster, der noch sehr grob konzipiert ist. Dieser Denkraster lässt sich gut mit den früheren Lochkarten-Computern vergleichen (von Glasersfeld, 1996: 113), die Lochkarten mit bestimmten Lochungen aussortieren, egal, welche Lochungen die Karte sonst noch aufweist. Und gemäß der Theorie der Autopoiesis (Maturana und Varela, 1984: 112) bestimmen wir mit unserem Denkraster, was wir tun. Das heißt nichts anderes, als dass wir nur und ausschließlich Verhaltensweisen anwenden, die in unser Denkraster, in unsere Struktur „passen", die bei uns „durchgelassen werden". Wir wiederholen dabei immer wieder das, was in der Vergangenheit funktioniert hat; dadurch erhält unser Denkraster Festigkeit. Und gleichzeitig verfeinern und verändern wir im Laufe unseres Lebens die Sortiermuster unseres Denkrasters (also die Ausprägungen unserer Struktur) aufgrund der Erfahrungen, die wir machen – auch im Berufsleben und im Alltag als Vorgesetzte; allerdings verfeinern und verändern wir die Sortiermuster nur in jenen Bereichen, die uns ein zentrales Anliegen sind. In anderen Bereichen passiert es uns, dass wir Unterschiede und Feinheiten nicht nur nicht wahrnehmen, sondern nicht einmal wissen, dass wir sie nicht wahrnehmen:

So habe ich vor kurzem erlebt, dass eine Führungskraft, als ich das Relationsmodell erklärte, das Statement abgab, „Ach so, ja, das kenne ich schon. Damit arbeite ich natürlich auch." Und als ich zur Antwort gab, „Sorry, aber das kann ich mir nicht vorstellen, denn ich habe es erfunden – es sei denn, Sie kennen meine Bücher oder meine Zeitschrift LO Lernende Organisation...", wurde mir klar, dass er auf dem Sektor Leadership/ Teamführung ein sehr breites Sortierraster sein eigen nannte (da überraschte ihn gar nichts – aber nicht etwa deshalb, weil er so versiert gewesen wäre – dann hätte er mir vielmehr kritische Fragen dazu gestellt – nein, vielmehr weil er auf dieser Ebene sehr undifferenziert „geprägt" war: Er nahm keine Unterschiede wahr zwischen verschiedenen Management-Ansätzen, sie waren für ihn eben nur samt und sonders „Management-Ansätze"). Gleichzeitig erzählte er mir in der Pause voll Freude und Stolz von seinen etwa 17 verschiedenen Trompetenarten, die er zu Hause hatte und von denen jede einen eigenen, unverwechselbaren Klang hervorbringen würde. Da wurde mir klar: Es dürfte individuell recht unterschiedlich elaborierte Ausprägungen in den verschiedenen Lebensbereichen eines Menschen geben... und jene Menschen, die in den für sie wichtigen Ausprägungen nicht besonders elaboriert, also fein gerastert sind, werden sie nie zufrieden stellen – denn sie sehen gar nicht, worauf es ihnen (in den Feinheiten) ankommt. Nun können Sie sich, wenn Sie darin ein präferiertes Optimalbild sehen, in den noch sehr kindlich gebliebenen Sortiermustern geduldig daran machen, Unterschiede herauszuarbeiten und mit noch viel mehr Geduld eine differenziertere Herangehensweise und Sprache in diesem Feld entwickeln – oder Sie entscheiden sich, „sich in diesem Feld nicht weiter vertiefen zu wollen" (dann sollten Sie allerdings eher in anderen Bereichen tätig werden).

Was bringt uns nun dazu, unsere Sortiermuster, die konkreten Ausprägungen unserer persönlichen Strukturen zu verändern? Nun, wir stehen ständig mit unserer Umgebung in Wechselwirkung, das bedeutet, wir beeinflussen kontinuierlich unsere Umgebung und werden von unserer Umgebung beeinflusst – gemäß unseren Sortiermustern (oder mit anderen Worten: Mit unserem Denkraster entscheiden wir, welche anderen persönlichen Sortiermuster aus unserer Umwelt erkannt werden und welche ungehindert unseren Raster passieren, ohne auch nur eine Spur bei uns zu hinterlassen. Und wir bestimmen mit der immer neuen Definition unseres Denkrasters, was uns in welcher Form „tangiert"). Lediglich jene erkannten Sortiermuster, die wir aufgrund des jeweiligen Systems, in dem wir uns gerade befinden, als „Störungen" unserer gewohnten Strukturen erleben, führen letztendlich dazu, dass

wir unsere Handlungsmuster in Frage stellen, an der als neu erlebten Situation prüfen und gegebenenfalls verändern – und auf diese Weise unseren Denkraster in seinen Möglichkeiten erweitern, uns also anpassen (Maturana und Varela, 1984: 113).
Natürlich verändern wir nur dann etwas, wenn wir einen Grund dafür haben (weil das bisher Getane nicht mehr zum Erfolg führt – was immer dann der Fall ist, wenn sich im betreffenden sozialen System Änderungen ergeben oder wir das soziale System wechseln, etwa das Team oder das Unternehmen, in dem wir arbeiten) oder wenn wir unsere persönlichen Ziele verändern. Meist merken wir erst, dass unser Tun nicht mehr erfolgreich ist, nachdem wir einige „Ehrenrunden" gedreht haben beziehungsweise ein entsprechendes Feedback unserer Umgebung bei uns als „Störung" unseres bisherigen Handlungserfolges angekommen ist.

Eine Erweiterung unserer Handlungsmöglichkeiten, unseres Repertoires im Sinne einer „Veränderung", einer Anpassung, eines Lernens braucht aus meiner Sicht keinen langfristigen „Entwicklungsprozess" hin zu einem fernen Ziel, sondern lediglich die Entscheidung, ein neues Optimalszenario zu leben – und durch die Rückmeldung der eigenen Systemumgebung, ergänzt durch die Zufriedenheit mit uns selbst, erkennen wir auch jeden Tag, ob wir diesen Optimalzustand schon voll und ganz lebe bzw. welche nächsten Schritte notwendig sind, um diesen Optimalzustand (endlich oder weiter) zu leben.
Wir wählen bei dieser Entscheidung unser „Optimalszenario" aus einer Vielzahl für uns aktuell als „möglich" erscheinenden Alternativszenarien aus.

Dieses persönliche Verhaltensrepertoire vergleiche ich gerne mit einem Kleiderschrank: In unserem Kleiderschrank gibt es endlich viele Kleidungsstücke, die uns auch passen – nicht nur größenmäßig, sondern auch zu uns als „Typ Mensch". Diese können wir je nach Situation und Anforderung entsprechend wählen; und naturgemäß werden wir stets dafür sorgen, weder „overdressed“ noch „underdressed“ zu erscheinen. Wenn wir neue oder veränderte Anlässe für uns orten (oder weil wir gerade Zeit und Muße haben; oder weil wir etwas an uns verändern wollen; oder weil wir etwas Neues ausprobieren möchten, weil uns die alten Sachen schon zu abgenützt und nicht mehr passend erscheinen), dann werden wir uns neue Kleidungsstücke zulegen. Wir probieren sie zunächst – nur selten sind wir so verrückt, bildlich gesprochen, „teure Kleidungsstücke ohne Anprobieren zu kaufen“ – und überlegen, wie wir sie mit anderen Kleidungsstücken aus unserem Kasten kombinieren können; überlegen auch, ob sie zu uns passen; ob sie zu den Anlässen passen, für die wir sie gekauft haben. Letztendlich integrieren wir sie in unseren Kleiderschrank und nutzen sie – mehr oder weniger, bis wir wieder einmal einen „Aufräumtag“ haben, an dem wir jene Kleidungsstücke, die uns zu groß oder zu klein geworden oder zu abgenützt sind oder nicht mehr zu dem passen, was wir heute repräsentieren wollen, entsorgen beziehungsweise durch neue ersetzen.

Aber wir brauchen uns nie von Kleidungsstück zu Kleidungsstück „entwickeln“ – sondern wir entscheiden uns für das eine oder das andere; wir wählen.

Wann immer wir nun Eigencoaching praktizieren, machen wir nichts anderes als einen „Aufräumtag“: Wir entscheiden, welche Kleidungsstücke in Form von Strukturelementen und Verhaltensweisen noch passen – und welche nicht mehr. Immer nach dem Motto „Die guten ins Töpfchen, die schlechten ins Kröpfchen“ wählen wir situations- und zielbezogen, was weiterhin getragen/ getan werden soll – und was den Weg alles Irdischen gehen soll.
Wir können uns dafür vorstellen, dass sich bei uns ein Ablauf abspielt, wie ihn Humberto Maturana in seinem Reflexions-Rad (siehe Abbildung S. 167) darstellt:
Wir treten also im Eigencoaching aus unserer gedanklichen Tretmühle, aus dem Denkalltag heraus und fragen uns: „Mag ich noch das, wo ich

bin beziehungsweise wie ich mich verhalte?". Und dann entscheiden wir uns, unser Verhalten weiter wie bisher zu führen – aber dann bewusst und unter Einbeziehung des Preises, den wir dafür zahlen – oder ein neues Verhalten zu wählen. Und dieses Verhalten wenden wir dann an; bis zu jenem Zeitpunkt, an dem es uns wieder als sinnvoll erscheint, unser Tun aufgrund von erlebten Veränderungen erneut in Frage zu stellen.

8.2. Konzepte im Relationalen Eigencoaching

Eigencoaching bedeutet, immer wieder die persönlichen Denk- und Handlungsstrukturen in Frage zu stellen und zu entscheiden, ob wir einzelne Strukturausprägungen beibehalten wollen oder nicht. Warum und bei welcher Gelegenheit aber sollten wir unsere persönlichen Strukturen in Frage stellen?

Nun, es macht durchaus Sinn, einerseits kontinuierlich Resümee über die aktuelle Situation zu ziehen – etwa jede Woche oder jeden Monat. Dabei können wir uns selbst Fragen zur Veränderung unserer persönlichen Struktur stellen und anlässlich von konkret gemachten Erfahrungen Punkt für Punkt entscheiden, in welchen Bereichen wir andere Denkmuster oder andere Handlungen ausprobieren wollen.

Jedenfalls sollten wir aber unsere persönlichen Denk- und Handlungsstrukturen in Frage stellen, wenn wir Veränderungen in einem unserer bestehenden Systeme erleben, zum Beispiel in folgenden Bereichen:

- Veränderte Situation/ Struktur im Unternehmen
- Veränderte Situation/ Struktur im eigenen Team
- Übernahme einer neuen Position
- Übernahme neuer Aufgabenbereiche/ Verantwortungen
- Hinzukommen oder Weggehen von Teammitgliedern
- Neugestaltung persönlicher Ziele
- Erleben eines (wiederholten) Misserfolgs von Handlungen

8.2.1. Die Arbeit am persönlichen Optimalszenario

Das persönliche Optimalszenario richtet seinen Fokus auf die Person als Ganzes – in all den vielen Systemen, in denen diese Person tätig ist. Daher macht es durchaus Sinn, das Relationale Eigencoaching mit der Arbeit am persönlichen Optimalszenario zu beginnen. Verwenden Sie dafür gerne die Beschreibung im Kap. 5.1.1., S. 86 ff. und prüfen Sie regelmäßig, am besten jeden Abend,

- inwieweit Sie dieses Optimalszenario auf einer Skala von 0–10 an diesem Tag gelebt haben
- und was Sie in der gegebenen Situation des nächsten Tages unbedingt beachten sollten/ bzw. wie Sie sich den nächsten Tag (anders) gestalten sollten, um auch am nächsten Tag geplant (!) auf die „10" zu kommen.

8.2.2. Die Erarbeitung eines neuen persönlichen Optimalbilds für jedes System

Während das Optimalszenario zu Ihnen als Person gehört (und immer wieder verändert werden darf), beschreiben Sie mit Ihrem Optimalbild, wie Sie sich in jedem einzelnen System beschreiben wollen – und das ist mit Sicherheit in Ihrem Freundessystem anders als in Ihrem Team und wieder anders als in Ihrer Familie.

Mit den beiden Fragen
„Wie will ich in diesem System mich selbst optimalerweise beschreiben, um den vorgegebenen Rahmen voll und ganz zu erfüllen und auszufüllen?"
und
„Wie will ich von anderen optimalerweise in diesem System beschrieben werden?"
können Sie sehr gut Ihre persönliche Selbstbeschreibung (Ihr „Optimalbild") im Eigencoaching gestalten und verabschieden.

Und das Schöne daran: Sie können das Optimalbild natürlich auch jederzeit verändern – schon allein deshalb, weil ein z.B. veränderter Rahmen von Ihnen eine neue Selbstbeschreibung erfordern kann; und die sollten Sie nicht verpassen, sonst kann es Ihnen passieren, dass Sie wie ein früherer Kunde von mir immer noch die erfolgreiche Vertriebsleiter-Positionierung leben, obwohl Sie schon in den Vorstand aufgestiegen sind (und das könnte fatale Folgen nach sich ziehen).

8.2.3. Arbeit mit virtuellen Experten oder Unbeteiligten

Auch die „virtuellen Experten" oder „virtuellen Unbeteiligten" können wir im Eigencoaching – aber durchaus unter Verwendung unterschiedlicher Stühle, wie im Kap. 6.3., S. 123 ff. beschrieben! – anwenden: Das Instrument wirkt. Probieren Sie es einfach aus – achten Sie aber darauf, dass Sie alleine sind, denn die Situation könnte auf unangemeldete „Besucher" recht komisch wirken.

8.2.4. Unterbrechung von Handlungsmustern

Hier gehen Sie vor wie im Kap. 6.2., S. 120 ff. beschrieben – indem Sie sich selbst die entsprechenden Fragen stellen und den Ablauf des Handlungsmusters selbst aufschreiben.

8.2.5. Eigencoaching in Konflikten

Auch im Eigencoaching in Konflikten können Sie das Muster des Relationalen Konfliktcoachings auf S. 155 ff. verwenden, um selbst in anstehenden Konflikten eine gute Lösung zu finden. Sie werden merken, wie einfach dies ist; allerdings sollten Sie Papier und Stift bereit halten, um Ihre Gedanken aufzuschreiben – dann wirkt das Instrument besser.

8.2.6. Future-Beaming

Wann immer Sie Eigencoaching für die Entscheidung zwischen unterschiedlichen Handlungsvarianten brauchen, welche die Zukunft sehr stark beeinflussen könnten, können Sie das Konzept des „Future-Beamings" wählen.

Hier ist der Ablauf:

1. Prolongieren Sie die Auswirkungen Ihrer Entscheidung.

Wählen Sie zunächst jene Entscheidungsvariante aus, zu der Sie am wenigsten tendieren. Nehmen Sie an, Sie würden sich dafür entscheiden und schreiben Sie auf, welche Auswirkungen sich durch diese Entscheidung

- nach einem Monat
- nach einem Jahr
- nach 3 Jahren
- nach 5 Jahren

fortlaufend ergeben könnten. Verfahren Sie genauso mit allen anderen Entscheidungsvarianten (allein die Reihung der Varianten bringt Ihnen voraussichtlich einige Klarheit).

2. Skizzieren der Auswirkung.

Skizzieren Sie die Situation, die aufgrund Ihrer jeweiligen Entscheidung bereits nach einiger Zeit für Sie und Ihr System bzw. Ihr Systemumfeld entstehen würde. Können Sie damit leben?

3. Prüfung der Auswirkungen.

Gehen Sie nun – beginnend bei der „schlechtesten" Variante und dann jeweils für alle anderen Varianten – die speziellen Auswirkungen auf Ihre Situation durch:

- Welche Situation ist nach einer angemessenen Zeit (z.B. 5 Jahre) speziell durch diese Entscheidung für Sie entstanden?
- Was hat sich durch die Entscheidung für Sie verbessert? Was hat sie Ihnen gebracht?

- Was hat sie Ihnen verschlossen/welcher Schaden ist dadurch für Sie entstanden?

8.2.7. Vorgesetzten-Ratschlag

Die meisten Menschen holen „Ratschläge von virtuellen Vorgesetzten" dann ein, wenn sie Probleme betreffend fachliche oder personelle Entscheidungen im Unternehmen lösen wollen – Entscheidungen, die später tatsächlich gegenüber dem Vorgesetzten „verteidigt" werden müssen.
Holen Sie sich dafür die Führungskraft Ihrer Wahl geistig „in den Raum": Versuchen Sie sich vorzustellen, dass Ihr(e) Vorgesetzte/r nun zur Tür hereinkommt und sich auf den von Ihnen angebotenen Sessel setzt (stellen Sie am besten tatsächlich einen zweiten Sessel zum Tisch). Übernehmen Sie dann die Charakteristika des/der Vorgesetzten, d.h. setzen Sie sich nun auf den leeren Stuhl und übernehmen Sie „mit Haut und Haar" die Charakteristika Ihrer/ Ihres Vorgesetzten. Setzen Sie sich so hin wie diese/r, übernehmen Sie die Gestik, die Haltung, die Stimmlage, die Atmung. Üben Sie solange, bis Sie sich wirklich voll und ganz in die andere Person hineinversetzt haben.

Nehmen Sie nun „als Vorgesetzte/r" das Papier/ Ihr Konzept – oder was immer es sonst schriftlich gibt – zur Hand und lesen Sie es durch die Augen Ihrer/Ihres Vorgesetzten. Fragen Sie sich:

- Was würde diese/r darin lesen?
- Was würde ihm/ihr gefallen?
- Woran würde er/sie Missfallen finden/bei welchen Punkten Diskussionen beginnen??
- Wie würde die/der Vorgesetzte diese Stellen anders formulieren, um Schwierigkeiten – auch nach weiter oben – möglichst zu vermeiden?

Formulieren Sie Ihr Papier so um, dass es inhaltlich gleich bleibt, aber so gestaltet ist, dass es Ihnen keinerlei Probleme beim darauf folgenden „echten" Gespräch verursacht.

9. Der erste Schritt

Coaching und Mitarbeiterbegleitung sind einfach, wenn Sie nur erst einmal Ihre Scheu vor dem Fragenstellen, vor dem Start ins Sparringpartnership verlieren. Aber darum geht es nicht. Ich bin der festen Überzeugung, dass das Arbeiten mit Coaching-Techniken in der Relationalen Mitarbeiterbegleitung die „sine qua non" des aktuellen und zukünftigen Führungserfolgs darstellt: Wir brauchen hohe Flexibilität und Entrepreneurship an der Basis, um der undurchschaubaren Komplexität und den nicht vorhersehbaren, raschen Veränderungen am Markt die Stirn bieten zu können.
In diesem Sinn versteht sich das vorliegende Buch als Begleiter für die Praxis der erfolgreichen Führung, die bei Ihnen schon heute beginnen kann: Indem Sie damit beginnen, den Rahmen an die einzelnen Mitarbeiter zu kommunizieren und sie zu fragen, wie sie vorhaben, diesen Rahmen voll auszufüllen.

Sie werden sehen: Eine Frage gibt die andere, ein Schritt folgt dem anderen, und ein Erfolg wird auf den nächsten folgen.
Viel Spaß im Tun!

Zur Autorin

Dr. Sonja Radatz
Begründerin des Relationalen Ansatzes©, ist Eigentümerin und Geschäftsführerin des Instituts für Relationale Beratung und Weiterbildung (IRBW) in Wien, Schloss Schönbrunn , das sie 1998 gründete, und das heute in ganz Europa erfolgreich tätig ist.

Die Bestseller-Autorin u.a. von „Beratung ohne Ratschlag" ist seit über 20 Jahren gefragte Unternehmens- und Führungsbegleiterin, Coach sowie Gastdozentin an Universitäten im In- und Ausland. Ihr Tätigkeitsschwerpunkt liegt in der Entwicklung Relationaler Theorien, Modelle, Methoden und Instrumente im breiten Spektrum von Betriebswirtschaftslehre, Management und Lehre, also auch an den Schnittstellen Schule, Universität und Nonprofit-Organisationen – immer ausgehend von der zentralen Relationalen Überlegung: „Gestalten Sie, sonst werden Sie gestaltet!".

Sonja Radatz hat ihr Wissen bereits in über 300 Fachartikeln sowie 16 Büchern publiziert. Praxisnähe und Verständlichkeit ist dabei stets ihr Credo. Die Kunden von Sonja Radatz sind vorwiegend CEOs und Geschäftsführer international tätiger Unternehmen aller Branchen. Sie schätzen an ihr besonders, dass sie sofort und „gnadenlos" auf den Punkt kommt, komplexe Aufgaben und Zusammenhänge sehr klar strukturiert und einfache Hebelpunkte definiert.

2001 gründete sie die Zeitschrift „LO – Lernende Organisation" www.lo.irbw.net , in der sie als Herausgeberin und Chefredakteurin fungiert. Bereits 2003 wurde sie für ihr Lebenswerk mit dem Deutschen Preis für Gesellschafts- und Organisationskybernetik in Berlin ausgezeichnet.

Dr. Sonja Radatz ist telefonisch unter +43 699 11 45 48 04 bzw. per Mail unter s.radatz@irbw.net erreichbar.

Literatur

Bateson, G. (1972): *Steps to an Ecology of Mind.* New York: 1972.

Blanchard, K. et al. (2005): *Der Minuten Manager und der Klammeraffe.* 4. Auflage. Reinbek bei Hamburg: 2005.

De Shazer, S. (1994): *Worte waren ursprünglich Zauber.* Dortmund: 1994.

De Shazer, S. (1999): Seminar im Rahmen des Prozessberaterlehrgangs im März 1999 am Institut für Relationale Beratung und Weiterbildung. *Unveröffentlichte Mitschriften.* Wien: März 1999.

Maturana, H.R. und Varela, F.J. (1987): *Der Baum der Erkenntnis. Die biologischen Wurzeln menschlichen Erkennens.* Bern und München: 1987.

Maturana, H.R. (1984): Maturana, H.R. und Francisc, V.: *Der Baum der Erkenntnis. Die biologischen Wurzeln menschlichen Erkennens.* Frankfurt am Main 2009.

Maturana, H.R. und Bunnell, P. (2001): Reflexion, Selbstverantwortung und Freiheit: Noch sind wir keine Roboter, in: *LO Lernende Organisation,* Nr. 2 – Mai/ Juni 2001.

Maturana, H.R. und Bunnell, P. (2001b): Die Fehlerkultur als Grundlage des Lernens, in: *LO Lernende Organisation,* Nr. 4 – September/ Oktober 2001.

Maturana, H.R. und Pörksen, M. (2003): *Vom Sein zum Tun.* Heidelberg: 2003.

Piaget, J. (1976): Piaget´s Theory, in: Inhelder, B. und Chipman, H.H. (Hrsg.): *Piaget and his School.* New York: 1976.

Pörksen, B. (2013): Die Zukunft der Weiterbildung, in: Radatz, S. (2013): *Die Weiterbildung der Weiterbildung*. Wien: 2013.

Radatz, S. (2000): *Beratung ohne Ratschlag*. Wien: 2000.

Radatz, S. (2003): *Evolutionäres Management*. Wien: 2003.

Radatz, S. (2006): *Einführung in systemisches Coaching*. Heidelberg: 2006.

Radatz, S. (2009): *Veränderung verändern. Das Relationale Veränderungsmangement*. Wien: 2009.

Radatz, S. (2010): *Wie Organisationen das Lernen lernen*. Hohengehren: 2010.

Radatz, S. (2011): Gewinne und potenzielle Fallen des Konsequenzenmanagements, in: *LO Lernende Organisation* Nr. 61 – Mai/ Juni 2011.

Radatz, S. (2012): Das Relationale Wirksamkeitsmodell, in: *LO Lernende Organisation* Nr. 69, September/ Oktober 2012.

Radatz, S. (2012a): Relationale Führungsbegleitung, in: *LO Lernende Organisation* Nr. 68, Juli/ August 2012.

Radatz, S. (2012b): Rollenwechsel, in: *Relationale Toolbox. 80 Relationale Toolkarten zum Anfassen und sofort anwenden, in der praktischen Box*. Wien: 2012.

Radatz, S. (2013): *Das Ende allen Projektmanagements*. Wien: 2013.

Radatz, S. (2013a): Relationale Führungs- und Unternehmensbegleitung: Auf dem Weg zum zukunftsweisenden „UND"- Unternehmen, in: *LO Lernende Organisation* Nr. 71 – Januar/ Februar 2013.

Radatz, S. (2013b): Key Performance Indicators, in: *LO Lernende Organisation* Nr. 74, Mai/ Juni 2013.

Schulz von Thun, F. (1998): *Miteinander reden 3.* Reinbek: 1998.

Simon, F. (2005): *Gemeinsam sind wir blöd?!* Heidelberg: 2005.

Von Foerster, H. (1993): *KybernEthik.* Berlin: 1993.

Von Foerster, H. und Bröcker, M. (2002): T*eil der Welt – Fraktale einer Ethik.* Heidelberg: 2002.

Von Foerster, H. und Pörksen, B. (1998): *Wahrheit ist die Erfindung eines Lügners.* Heidelberg: 1998.

Von Glasersfeld, E. (1996): *Radikaler Konstruktivismus.* Frankfurt a. M.: 1996.

Von Glasersfeld, E. (1997): *Wege des Wissens. Konstruktivistische Erkundungen durch unser Denken.* Heidelberg: 1997.

Watzlawick, P. (1976): *Wie wirklich ist die Wirklichkeit?* 24. Auf. München: 1998.

Watzlawick, P. (Hg., 1999): *Die erfundene Wirklichkeit.* 11. Aufl. München: 1999.

Whitney, D. (2001): Appreciative Inquiry, in: *LO Lernende Organisation* Nr. 3 – September/ Oktober 2001.

Wüthrich, Winter & Philipp, A.F. (2001): Die *Rückkehr der Hofnarren.* Herrsching am Ammersee: 2001.

Wiener, N. (1948): *Cybernetics or control and communication in the animal and the machine.* New York: 1948

Vertiefende kostenlose Artikel & Videos zum Download

Blog

Radatz inspiriert – der Blog von Sonja Radatz. Kostenloses Abo (RSS Feed): www.irbw.net

Download kostenlose Artikel auf der IRBW Website www.irbw.net

Pickl, R: Das Ende der Entscheidungsträger
Radatz, S.: Grundzüge einer Relationalen Betriebswirtschaftslehre
Radatz, S.: Ja, wenn Coaching einfach wäre…
Radatz, S.: Warum Relationale Führungskräfte coachen – und wie
Radatz, S.: Relationale Führungs- und Unternehmensbegleitung
Radatz, S.: Relationale Führungsbegleitung. Führung. Mit. Selbstverantwortung. Einfach. Tun.
Radatz, S.: Lernende Organisation verzweifelt gesucht: Wann endlich lernt die Organisation?
Radatz, S. Das Ende des Micro Managements
Radatz, S.: Juwelen Relationaler Unternehmensführung
Radatz, S.: Ein Plädoyer für die Ergebnisorientierung
Radatz, S.: Relationale Meilensteine im Vertriebserfolg

Videos

S. Radatz zum Relationalen Ansatz – www.irbw.net bzw. Youtube
S. Radatz zum Hebelpunkt im Relationalen Ansatz – Youtube
S. Radatz zum Relationalen Coaching – www.irbw.net
S. Radatz über Beratung ohne Ratschlag – Youtube
S. Radatz zum Relationalen Leadership – www.irbw.net
S. Radatz zur Relationalen Unternehmensbegleitung – www.irbw.net

Bücher, Toolbox, GIGA LOs

Alle Bücher von Sonja Radatz, die Relationale Toolbox und die GIGA LO´s mit den Best of-Artikeln zum Thema auf shop.irbw.net.

Weiterführung des Relationalen Dialogs. Newsletter
Der IRBW Newsletter bringt jeden Monat ein zentrales Thema auf den Punkt – mit den aktuellen Artikeln und Informationen zur Relationalen Praxis. Newsletter anmelden: www.irbw.net

LO Lernende Organisation
Die Zeitschrift LO Lernende Organisation kommt 6 x pro Jahr zu den Schwerpunktthemen der Unternehmenspraxis heraus – als Print bzw. pdf. Probeheft-Bestellung: www.irbw.net

Linked In Gruppe „Relationale Management Praxis"
In ihrer Linked in Gruppe ist Sonja Radatz persönlich im Dialog zu den aktuellen Themen der Gruppe. Join us auf Linked in!

XING Gruppe „Relationales Denken und Handeln in der Praxis"
Bereits 700 Mitglieder umfasst die XING Gruppe „Relationales Denken und Handeln in der Praxis" von Sonja Radatz. Hier finden Vernetzung, Austausch und Relationaler Dialog statt – und die Teilnehmer profitieren als Erstes von den neuesten Gedanken von Sonja Radatz.

Relationale Frühjahrs- und Herbstinspiration
Zweimal pro Jahr veranstaltet das IRBW einen kostenlosen Inspirationstag, an dem Sonja Radatz ihr neuestes Modell, und ein Unternehmen sein Relationales Unternehmenskonzept in der Praxis vorstellt. Die Veranstaltung ist DAS Highlight für innovationsfokussierte Führungskräfte, Geschäftsführer, CEOs und Vorstände sowie HR Experten. Informationen: seminare@irbw.net

Relationale Weiterbildung
Sonja Radatz spannt mit ihrem Relationalen Professional Lehrgang den kompletten Bogen über den von ihr entwickelten Ansatz. Details zum Lehrgang und zu anderen Weiterbildungen finden Sie auf der Website www.irbw.net.

Jeffrey K. Zeig

Confluence: Ausgewählte Schriften von Jeffrey K. Zeig

ISBN 978-3-902155-14-6
352 Seiten, kt.
EUR 24,90

Zum Inhalt:
Der Direktor der Milton Erickson Foundation, Dr. Jeffrey Zeig, hat in diesem Band seine wertvollsten Beiträge zur Psychotherapie zusammengetragen. Wie der Titel zeigt, präsentiert das Buch einen Zusammenfluss seiner Ideen und Schriften über die Zeit und spiegelt somit Zeig's professionelle und persönliche Reise wider.

Das Buch gliedert sich in vier Teile mit 15 Kapiteln, welche beide überspannenden Themen moderner klinischer Anstrengungen erfassen: wie man ein Therapeut SEIN kann und wie man Therapie MACHT.

Das Verständnis von Zeig – Therapie mehr als Kunst denn als Wissenschaft zu betrachten – ist in diesem Band allgegenwärtig. Seine Kreativität und Liebe zur Sprache sowie die Fülle an Fallbeispielen aus seiner und Milton H. Erickson's Praxis machen das Buch zu einem leicht lesbaren und gut verständlichen Begleiter. Selbst die technischen Diskussionen werden dabei so dargestellt, dass der Leser diesen leicht folgen kann und zum Weiterdenken stimuliert wird.
In jedem Kapitel findet sich es etwas Neues zu entdecken, sei es über Methoden, Grenzen, Geschichte, Innovation oder Anwendungen der Therapie. Somit ist das Buch für Studenten und Professionisten gleichermaßen von Wert.